彩图 1　赤子爱胜蚓

彩图 2　日本大平二号蚯蚓

彩图 3　红色爱胜蚓

彩图 4　绿色异唇蚓

彩图 5　背暗异唇蚓

彩图 6　暗灰异唇蚓

彩图 7　日本杜拉蚓

彩图 8　天锡杜拉蚓

彩图 9　威廉环毛蚓

彩图 10　直隶环毛蚓

彩图 11　参环毛蚓

彩图 12　通俗环毛蚓

彩图 13　湖北环毛蚓

彩图 14　立体式蚯蚓床

彩图 15　用于发酵的牛粪

彩图 16　正在交配的蚯蚓

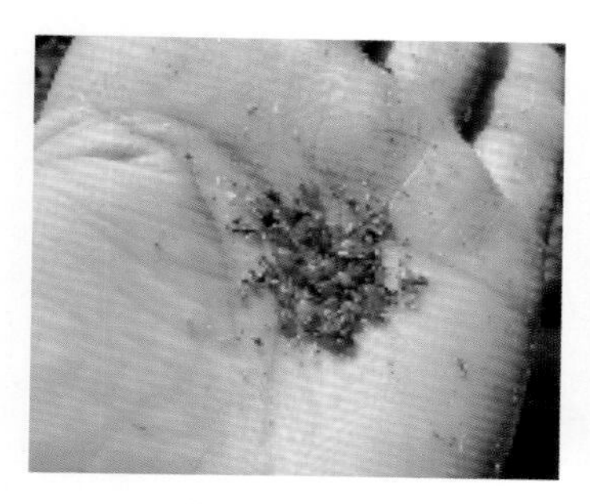

彩图 17　蚓茧

彩图 18　检查蚯蚓健康状况

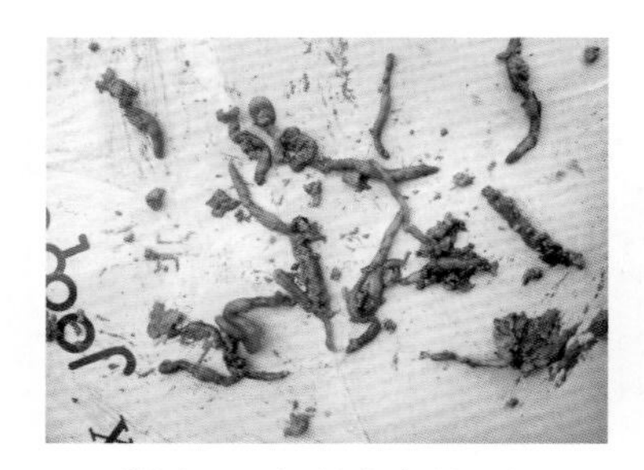

彩图 19　饲料中毒的蚯蚓

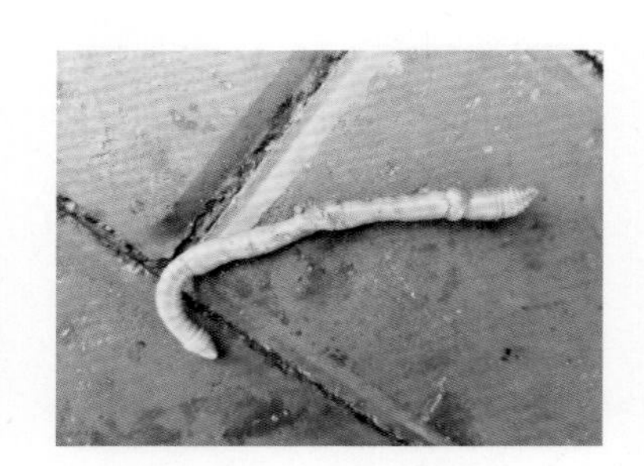

彩图 20　蛋白质中毒的蚯蚓

彩图 21　酸碱失衡中毒的蚯蚓

彩图 22　蚯蚓的天敌——粉螨

彩图 23　采收好的商品蚓

高效养蚯蚓

潘红平　黄春梅　蒙健宗　等编著

机 械 工 业 出 版 社

本书介绍了蚯蚓养殖的全过程，内容包括蚯蚓的经济价值和发展概况，蚯蚓的品种与生物学特性，蚯蚓养殖场的建造和养殖方式，蚯蚓的饲喂，蚯蚓的生命周期及繁殖，蚯蚓的人工繁育技术，蚯蚓的饲养管理技术，蚯蚓的疾病防治，蚯蚓的采收、运输及加工，蚯蚓及蚯蚓粪在种养业上的应用，以及蚯蚓养殖场的经营管理等。全书内容丰富，文字通俗易懂，并配有蚯蚓的生产试验案例，特别加入了蚯蚓养殖实操视频，可供读者扫码观看。

本书适合蚯蚓养殖专业户和从事畜牧、水产、饲料、制药、环保等方面工作的人员阅读使用，也可作为农业院校相关专业师生的参考书。

图书在版编目（CIP）数据

高效养蚯蚓/潘红平等编著．—北京：机械工业出版社，2022.7（2025.2重印）

（高效养殖致富直通车）

ISBN 978-7-111-61804-1

Ⅰ.①高…　Ⅱ.①潘…　Ⅲ.①蚯蚓-饲养管理　Ⅳ.①S899.8

中国版本图书馆CIP数据核字（2019）第008400号

机械工业出版社（北京市百万庄大街22号　邮政编码100037）

总 策 划：李俊玲　张敬柱

策划编辑：张　建　高　伟　责任编辑：张　建　高　伟　周晓伟

责任校对：张　力　王　延　责任印制：单爱军

保定市中画美凯印刷有限公司印刷

2025年2月第1版第3次印刷

147mm×210mm·5印张·2插页·147千字

标准书号：ISBN 978-7-111-61804-1

定价：25.00元

电话服务

客服电话：010-88361066

010-88379833

010-68326294

网络服务

机　工　官　网：www.cmpbook.com

机　工　官　博：weibo.com/cmp1952

金　　书　　网：www.golden-book.com

机工教育服务网：www.cmpedu.com

高效养殖致富直通车

编审委员会

序

改革开放以来，我国养殖业发展非常迅速，肉、蛋、奶、鱼等产品产量稳步增加，在提高人民生活水平方面发挥着越来越重要的作用。同时，从事各种养殖业也已成为农民脱贫致富的重要途径。近年来，我国经济的快速发展对养殖业提出了新要求。以市场为导向，从传统的养殖生产经营模式向现代高科技生产经营模式转变，安全、健康、优质、高效和环保已成为养殖业发展的既定方向。

针对我国养殖业发展的迫切需要，机械工业出版社坚持高起点、高质量、高标准的原则，组织全国20多家科研院所的理论水平高、实践经验丰富的专家学者、科研人员及一线技术人员编写了这套“高效养殖致富直通车”丛书，范围涵盖了畜牧、水产及特种经济动物的养殖技术和疾病防治技术等。

丛书应用了大量生产现场图片，形象直观，语言精练、简洁，深入浅出，重点突出，篇幅适中，并面向产业发展需求，密切联系生产实际，吸纳了最新科研成果，使读者能科学、快速地解决养殖过程中遇到的各种难题。丛书表现形式新颖，大部分图书采用双色印刷，设有“提示”“注意”等小栏目，配有一些成功养殖的典型案例，突出实用性、可操作性和指导性。

丛书针对性强，性价比高，易学易用，是广大养殖户和相关技术人员、管理人员不可多得的好参谋、好帮手。

祝大家学用相长，读书愉快！

赵广永

中国农业大学动物科技学院

前　言

蚯蚓是一种柔软多汁、蛋白质含量很高、富含矿物质及微量元素的环节动物。一般蚯蚓干物质的蛋白质含量为65%左右，接近秘鲁鱼粉。蚯蚓的氨基酸含量也很丰富，优于豆饼、酵母，也接近秘鲁鱼粉。蚯蚓中的谷氨酸含量高，用蚯蚓喂养家鱼、家禽、家畜及各种特种经济动物，不仅生长繁殖快，而且味道鲜美。因此，蚯蚓是水产、畜禽和特种经济动物养殖的优质蛋白质饲料。

蚯蚓具有改良土壤、促进植物生长的作用。蚯蚓穴居在土壤中，不断地挖洞掘土，以泥土和有机物为食，可以将大块的泥土磨碎，使土壤变得疏松、透水、通气，从而改变土壤的物理性质。土壤和食物经过蚯蚓的分解和转化，成为有高度肥力的蚯蚓粪，从而改变土壤的化学性质。

蚯蚓粪富含氮、磷、钾、有机质和腐殖质，以及各种微量元素，其肥力比普通的畜禽粪便高。蚯蚓粪作为果树、蔬菜、苗圃、花卉和水稻等的肥料，在种植业上起到很好的作用。蚯蚓还具有处理生活垃圾及商业垃圾、净化土壤、消除公害、变废为宝的作用。

目前我国有大规模的蚯蚓养殖场（公司、合作社）100多家，小规模的蚯蚓养殖场（户）5万多家（户），其中广西壮族自治区就有成规模的蚯蚓养殖场20多家，但更多的是小型的散养户，总体上养殖量少，产量也不能满足市场的需求，所以养殖蚯蚓前景看好。

本书介绍了蚯蚓养殖的全过程，内容包括蚯蚓的经济价值和发展概况，蚯蚓的品种与生物学特性，蚯蚓养殖场的建造和养殖方式，蚯蚓的饲喂，蚯蚓的生命周期及繁殖，蚯蚓的人工繁育技术，蚯蚓的饲养管理技术，蚯蚓的疾病防治，蚯蚓的采收、运输及加工，蚯蚓及蚯蚓粪在种养业上的应用，以及蚯蚓养殖场的经营管理等。

本书的编著人员有潘红平（第一编著者，广西大学）、黄春梅（第二编著者，南宁市蛭澳生物科技有限公司）、蒙健宗（第三编著者，广西大学）、唐宗明（广西合浦县农业科学研究所）、廖威（广西职业技术学院）、李继珍（广西北海巨丰农牧科技有限公司）、廖初（广西农业外资项目管理中心）、曾卫军（广西农业外资项目管理中心）、黄伟洁（广西农业外资项目管理中心）、莫建军（广西农业外资项目管理中心）、石德顺（广西大学）、刘庆友（广西大学）、杨素芳（广西大学）、王晓丽（广西大学）、崔奎青（广西大学）、谢瑞营（广西南宁横州市峦城镇农业水利站）、梁树华（广西南宁邦尔克生物技术有限责任公司）、兰晖焰（广西福沃得农业技术国际合作有限公司）及李长庆（广西钦州市钦北区水产技术推广站）。

需要特别说明的是，本书所用药物及其使用剂量仅供读者参考，不可完全照搬。在生产实际中，所用药物学名、通用名和实际商品名称存在差异，药物浓度也有所不同，建议读者在使用每一种药物之前，参阅厂家提供的产品说明以确认药物用量、用药方法、用药时间及禁忌等。购买兽药时，执业兽医有责任根据经验和对患病动物的了解决定用药量及选择最佳治疗方案。

本书在编写过程中，参考了一些专家、学者和养殖户的相关资料，在此向原作者致谢，另外要特别感谢广西北海巨丰农牧科技有限公司在视频拍摄等方面的大力支持。由于编著者水平有限，书中不足之处在所难免，希望广大读者提出更好的见解和宝贵的建议。

编著者

目录

第四章 蚯蚓的饲喂

第五章 蚯蚓的生命周期及繁殖

第六章 蚯蚓的人工繁育技术

第七章 蚯蚓的饲养管理技术

第八章 蚯蚓的疾病防治

第九章 蚯蚓的采收、运输及加工

第十章 蚯蚓及蚯蚓粪在种养业上的应用

第十一章 蚯蚓养殖场的经营管理

附录 蚯蚓的生产试验案例

二维码索引

参考文献

——第一章——
蚯蚓的经济价值和发展概况

蚯蚓属于环节动物门寡毛纲，大多数生活在潮湿的土壤中，主要以腐败的有机物为食，昼伏夜出；也有一些蚯蚓生活在有机物丰富的水域中。蚯蚓的身体有许多土壤穴居的适应性结构表现。

蚯蚓的身体呈长圆筒形，由许多相似的体节组成，两节之间的凹陷为节间沟。头部和感觉器官由于适应穴居生活而退化。肉质的口前叶位于身体的前端，可以在体腔液的作用下膨胀，有掘土、摄食和触觉功能。身体有刚毛，起固定和支撑的作用，使蚯蚓运动得以完成。当蚯蚓性成熟时，身体前段有几节愈合且明显肿胀，体壁向外隆起，形成一个戒指般的环带（生殖带）。在背中央的节间沟有 1 个背孔，体腔液可以从背孔排出，湿润体表，有利于呼吸作用和减少运动时的摩擦损伤。

蚯蚓的消化系统很特殊，可以产生各种酶类，以帮助消化食物。咽外有单细胞的咽腺，可以分泌黏液和蛋白酶，以湿润食物和初步消化蛋白质。食道壁上有食道腺，可以分泌钙质，以中和酸性物质。嗉囊壁较薄，可以贮存食物。砂囊肌肉结实而发达，内壁衬有一层较厚的角质膜，能将大块的食物磨碎。胃狭长，微血管丰富，腺体较多，胃前有 1 圈胃腺，其作用与咽腺相似。盲肠有 1 对，呈锥形，是重要的消化腺，可以分泌多种酶。

陆栖蚯蚓通过皮肤（体表）进行呼吸。在蚯蚓的皮肤上分布着丰富的微血管网，通过微血管网吸收空气中的氧气，也将体内产生的二氧化碳扩散到空气中。但皮肤要保持湿润才能完成呼吸作用，这就要求其生活环境空气的相对湿度为 70% ~80%，即用手紧握泥土，泥土成团且只有几滴水从指缝流出，这时最适宜蚯蚓呼吸。大雨过后常可看到蚯蚓爬出地面，就是因为地下湿度太大，导致蚯蚓不能呼吸的缘故。

蚯蚓为雌雄同体，即在同一条蚯蚓身体里面同时有雌性和雄性两套生殖系统。雄性生殖器官有精巢和贮精囊，雌性生殖器官有卵巢、输卵管和受精囊。异体受精，交配时互相倒抱，精液从各自雄性生殖孔排出，输入对方受精囊内，交换精液后即分开。卵成熟后，从雌性生殖孔排出，落入蚓茧中，蚯蚓通过蠕动推动蚓茧向前移动，当蚓茧经过受精囊时，精子逸出与卵受精，蚯蚓继续蠕动，蚓茧脱落。

大多数蚯蚓在陆地穴居生活，少数在淡水中生活。蚯蚓有6000多种，常见的种类有赤子爱胜蚓、环毛蚓、带丝蚓、水丝蚓、杜拉蚓、异唇蚓和白丝蚓等。

第一节　蚯蚓的经济价值

一　蚯蚓是水产、畜禽和特种经济动物养殖的优质蛋白质饲料

饲料是动物养殖业发展的物质基础，随着水产、畜禽和特种经济动物养殖业的不断发展，对饲料的需要量也随之增加，但饲料的不足，尤其是蛋白质饲料的短缺是长期制约我国养殖业发展的瓶颈环节。据有关专家分析，目前我国蛋白质饲料资源的供给量仅为需要量的1/3左右，由此可以看出，蛋白质饲料在我国的养殖业发展中仍然十分缺乏。动物性蛋白质饲料主要有鱼粉、骨肉粉、羽毛粉、血粉等，其中以鱼粉为主，但其供应量难以满足市场需求，我国每年要从秘鲁、智利等国家大量进口鱼粉，而价格连年上涨，所以开辟新的动物性蛋白质饲料资源以满足国内饲料市场的需求迫在眉睫。目前，人们纷纷发展蚯蚓、蝇蛆、黄粉虫、大麦虫和黑水虻等动物性蛋白质饲料的养殖，并着手进行利用这些动物开辟蛋白质饲料新来源的研究，其中以蚯蚓的研究与利用最为热门，效果明显。

综合评价某一种饲料营养价值的高低，一是看它的蛋白质含量的高低，二是看它的蛋白质的品质，也就是蛋白质的氨基酸种类、含量及其比例，主要是必需氨基酸的含量多寡，特别是赖氨酸、色氨酸、蛋氨酸、苯丙氨酸等。蚯蚓的蛋白质含量很高，一般蚯蚓干物质的蛋白质含量为65%左右，接近于秘鲁鱼粉。蚯蚓的氨基酸含量也很丰富，优于豆饼、酵母，接近于秘鲁鱼粉。

蚯蚓的身体中还含有丰富的维生素、矿物质和微量元素。每100克蚯蚓体内含有维生素B_1 0. 25毫克、维生素B_2 2. 3毫克，蚯蚓体

内铁、铜、锰、锌的含量很高，总体来看优于鱼粉。另外，蚯蚓粪中有一定量的蛋白质，风干蚯蚓粪中的粗蛋白质含量为10%左右。因此，蚯蚓是水产、畜禽和特种经济动物养殖的优质蛋白质饲料。

从赤子爱胜蚓选育出来的日本大平二号蚯蚓（商品名），其干物质蛋白质含量为66.5%，富含各种微量元素，特别是谷氨酸（与味道有关，味精的化学成分为谷氨酸钠）含量很高，用这种蚯蚓喂养家鱼、家禽、家畜及各种特种经济动物，不仅生长繁殖快，而且味道很鲜美。水丝蚓是热带鱼、金鱼、锦鲤等观赏鱼及其他淡水动物的饵料。

二 蚯蚓的药用功能

蚯蚓是我国传统的中药材，很早以前就有用蚯蚓治病的记载。蚯蚓在中药里被称为“地龙”，李时珍的《本草纲目》一书中，用地龙配制的药方就有40余种。蚯蚓味微咸，性寒，入肺、胃、肾、肝、脾经，有清热、解毒、镇痉、利尿、平喘、活络、抗癌、抑癌作用，主治热病惊狂、温邪高热、高血压、哮喘、头痛目赤、咽喉肿痛、小便不通、水肿、风湿关节痛和半身不遂等，外涂可以治疗丹毒和水火烫伤。

近年来，人们对蚯蚓的药用成分和药理作用进行了深入细致的研究，证明蚯蚓具有多种药用成分和药理作用。据分析，蚯蚓体内含有多种氨基酸、中性脂、络合脂、脱氢同工酶及酯化同工酶，并含蚯蚓解热碱、蚯蚓素、地龙解热素、地龙解毒素、嘌呤类、胆碱、抗组织胺、核酸衍生物、B族维生素、多肽、腐殖酸、SOD（超氧化物歧化酶）及含氮物质等多种药用成分。蚯蚓含有特殊的蚓激酶，对心血管疾病有较好的治疗效果，目前已经可以人工提取。蚓激酶可以激活纤溶酶而溶解血栓，还可以直接溶解纤维蛋白。

蚯蚓的浸出液还可用于美容保健品，如将其添加到膏、霜、膜中，可消除发炎的小痘痘，避免太阳辐射造成的危害。蚯蚓的浸出液中的氨基酸及体液中的一些特殊酶能加快皮肤的新陈代谢，促进血液循环，防止和抵御外来物质对脸部皮肤的侵袭、损伤，可收敛和改善皮肤的质地。蚯蚓内含的体腔液，能防止因经常涂油彩而引起的皮炎，滋润皮肤，使皮肤洁白细腻、减少皱纹。

三 蚯蚓在改良土壤中的作用

达尔文最早提出了蚯蚓具有改良土壤、促进植物生长的学说，他把蚯蚓称为土壤的“改良者”。蚯蚓穴居在土壤中，不断地挖洞掘土，将有机物和深土耕翻到土壤表面，被人们誉为“活犁耙”“耕耘者”。蚯蚓以泥土和有机物为食，可以将大块的泥土磨碎，使土壤变得疏松、透水、通气，从而改变土壤的物理性质。土壤和食物经过蚯蚓的分解和转化，成为有高度肥力的蚯蚓粪，从而改变土壤的化学性质。因此，蚯蚓可以改良土壤，还可清除城市垃圾，改善环境卫生。

四 蚯蚓粪在种植业中的作用

蚯蚓粪又叫作蚯蚓肥、蚯蚓有机肥。畜禽粪便、农作物秸秆及自然界的各种有机废弃物经过发酵之后，成为蚯蚓的食物，在蚯蚓消化系统中的蛋白酶、淀粉酶、纤维酶、脂肪酶的作用之下迅速分解，转化成为自身或易于其他生物利用的营养物质，经蚯蚓排泄后成为蚯蚓粪。蚯蚓粪富含氮、磷、钾、有机质和腐殖质，以及各种微量元素，其肥力比普通的畜禽粪更高。蚯蚓粪中还富含细菌、放线菌和真菌，这些微生物不仅使复杂物质矿化为植物易于吸收的有效物质，而且还合成一系列有生物活性的物质，如糖、氨基酸、维生素等，这些物质的产生使蚯蚓粪具有许多特殊性质。蚯蚓粪作为果树、蔬菜、苗圃、花卉和水稻等的肥料，在种植业上起到很好的作用。

用蚯蚓粪种植豆角、番茄、南瓜、油菜、火龙果等农作物，具有明显的增产效果。在广西隆安县、都安县的两个火龙果基地利用蚯蚓有机粪作为基肥和追肥，种出来的火龙果颜色鲜红、味道鲜美，每亩（1 亩≈666.7 米^2）火龙果增产10%～20%，火龙果甜度增加25%左右，火龙果单果重增加10%左右，大果率增加8%左右。由于火龙果甜度增加、果大、颜色漂亮、卖相好，深受消费者的欢迎，销售价格就高。综合计算，使用蚯蚓粪比普通农家肥每亩多收入1200～1800元。

【提示】 蚯蚓粪施放时，可用地膜覆盖，以免被雨水冲走，造成浪费。

五 蚯蚓在垃圾处理中的应用

蚯蚓具有处理生活垃圾及商业垃圾、净化土壤、消除公害、变废为宝的作用，每亩土地每年可以处理100吨有机垃圾，生产2~4吨蚯蚓和37吨高级蚯蚓粪。人们可用蚯蚓处理造纸厂的污泥、淀粉厂的淤泥、酒厂和畜禽水产品加工厂的废物废水及城市垃圾，利用蚯蚓使垃圾真正实现无害化、减量化、资源化。在英国的洛桑实验站利用蚯蚓处理农业废弃物、生活垃圾和污泥已达到工业化与商业化的规模。

第二节　蚯蚓养殖的发展概况

19世纪，著名学者达尔文就对蚯蚓的生物学特性进行了详细研究，不仅对野外的蚯蚓进行了仔细观察，还将蚯蚓拿回室内养殖，并出版了著作《蚯蚓的习性和它对形成植物土壤的作用》，受到广泛关注。20世纪70年代之后，由于工业垃圾处理和农业生产的需要，日本、美国、印度、菲律宾、澳大利亚、加拿大及我国台湾省，对蚯蚓的生物学特性、场地建设、人工繁殖、饲养管理、疾病防治、运输、加工与利用做了大量的研究工作，取得了大量的成果，并把这些成果投入生产实际中，如美国曾经有几千个蚯蚓养殖场，一个公司养殖数亿条蚯蚓，一天处理200吨工业废物，消除环境污染。日本对蚯蚓的研究和开发利用最为积极，利用赤子爱胜蚓培育出了著名的日本“大平二号蚯蚓”和北星二号蚯蚓，日本有数百家蚯蚓养殖场处理有机垃圾，还利用蚯蚓作为水产动物和畜禽的蛋白质饲料，利用蚯蚓粪作为农作物的优质肥料。

我国从20世纪80年代开始对蚯蚓进行了初步研究，后来陆续有很多学者和养殖人员对蚯蚓养殖和利用等进行了大量的研究。如孙振军等（1993年）进行了温度、湿度和酸碱度对蚯蚓生长与繁殖的影响方面的研究，他们用牛粪和木屑作为蚯蚓饲料，观察和比较不同温度、湿度、pH对赤子爱胜蚓生长和产茧的影响，发现23~25℃最适宜其繁殖，在略低的温度（18℃）下，个体增重较快，相对湿度65%~70%为其生长、繁殖的最佳范围，pH为6~9是繁殖的适宜范围，而在pH为8~9时蚯蚓生长较快，盐度增高对蚯蚓有危害作用。王晓凤等（2009年）对赤子爱胜蚓处理鲜牛粪的适宜条件进行了研究，以鲜牛粪为饲料，通过培养试验研究不同乙酸添加量、湿度、温度、接种密度和添加EM菌对赤子爱胜蚓生长繁殖的影响，发现蚯蚓生长最适宜的条件为：每90克（干重）饲料接种8条蚯蚓，加1毫升10%的乙酸溶液，含水量控制在65%～70%；温度控制在20～25℃，并接种EM菌促进蚯蚓的生长繁殖。成钢等（2016年）探讨了温度与畜禽粪便配比对养殖蚯蚓生长与繁殖的影响，他们对不同种类的畜禽粪便进行合理配比，利用花盆室内养殖法进行小规模饲养，观测与比较在15、20、28℃温度条件下蚯蚓的生长、取食与排便活动、蚓茧孵化及适应性等生物学特性指标，结果表明，在28℃条件下，采用猪∶羊粪为6∶4的比例来养殖蚯蚓，其生长速度较快，养殖效果最好；随着环境温度的升高，蚯蚓各项繁殖指标均有增高的趋势，表明采用不同种类的粪便配比养殖蚯蚓时，温度在其生长及繁殖方面均有一定影响。贺立虎等（2014年）进行了白玉菇菌糠养殖蚯蚓的配方研究，发现在采用白玉菇菌糠饲养蚯蚓时，添加辅助原料是非常重要的，高氮素成分辅料的添加效果更好，表明蚯蚓对饲料中氮素的要求较高，适合富营养饲养，对蚯蚓繁殖和增重适宜的菌糠中三因素添加比例为尿素0.2%、豆粕6%、玉米粉2%，采用该营养水平，在试验条件下，单盆繁殖数为19条，单盆增重为17.85克。李锦文等（2016年）通过试验发现，在食用菌废弃物中添加辅助原料尿素对蚯蚓养殖非常重要，而蚯蚓繁殖和增重最佳的尿素添加比例为0.2%，蚯蚓单盆繁殖数为25条，单盆增重为23克。潘红平等（2017年）研究了甘蔗叶、香蕉秆、木薯秆和稻草与牛粪混合发酵技术，以及采用混合发酵料繁殖和生产蚯蚓的技术，他们把甘蔗叶、香蕉秆、木薯秆和稻草与牛粪混合，分别添加0、0.1%、0.3%、0.5%、0.7%、0.9%的高效微生物制剂EM菌进行发酵，然后用发酵料繁殖和生产蚯蚓，发现添加0.3%～0.5%的EM菌，可以缩短腐熟时间。采用混合发酵料繁殖蚯蚓，孵化率分别达到85.36%、76.87%、85.79%、95.09%；利用混合发酵料生产蚯蚓，3个月可以增重7倍左右，料肉比分别为9.98∶1、10.99∶1、9.32∶1、8.77∶1；料粪比分别为2.33∶1、3.67∶1、2.34∶1、2.34∶1，可见利用甘蔗叶、香蕉秆、木薯秆和稻草养殖蚯蚓是可行的。韦珂等（2016）采用桑枝作为秸秆培养基，并按适当比例添加蚯蚓粪替代麦麸，分成3组进行鲍鱼菇栽培试验，发现各组菌袋的菌丝色泽没有差异，使用蚯蚓粪全部代替麦麸的配方三组菌丝生长速率最快，达到6.8毫米/天，比全麦麸对照组稍快；使用蚯蚓粪部分替代麦麸的配方一组与配方二组的菌丝生长速率略慢；添加蚯蚓粪的三组配方，都能够较好地栽培鲍鱼菇，但在产量上有所差异，添加10%的蚯蚓粪的配方二组生物学效率最好，为68.27%，比不加蚯蚓粪的对照组产量高8.3%，可见蚯蚓粪适宜替代麦麸用于栽培鲍鱼菇，并且添加10%的蚯蚓粪最好。范涛等（2016年）探讨了蚯蚓粉替代鱼粉对大鳞副泥鳅生长、肌肉成分、血清生化指标及免疫性能的影响，以0代替鱼粉为对照组，用蚯蚓粉替代25%、50%、75%、100%的鱼粉共配制成5组等氮等能饲料，在网箱中进行10周的养殖试验，发现饲料中的蚯蚓粉替代鱼粉对大鳞副泥鳅的存活率无显著影响；随着替代水平的上升，饲料系数、增重率升高（$P<0.05$），肥满度、肝体比降低（$P<0.05$）；各组间脾体比、特定生长率均无显著性差异；随着饲料中蚯蚓粉水平的上升，鱼体肌肉蛋白质的精氨酸、胱氨酸、天门冬氨酸含量升高（$P>0.05$）。结果表明，在本实验条件下，蚯蚓粉可部分替代（22%）饲料鱼粉而不影响大鳞副泥鳅的生长和存活，且能提高鱼体肌肉成分，有效预防肝、胰脏损伤和过氧化，但显著降低了鱼类免疫性能。刘康怀（2014年）采用城市污水处理厂的剩余污泥（滤泥）和牛粪直接配置养殖蚯蚓的饲料，按照不同比例的配料分组进行了饲养蚯蚓的试验研究。经过21天培养，日本大平二号蚯蚓的增重最少为54%，最高达100%；平均产茧量为0.687个/条。研究结果表明，滤泥不需经过发酵即可用于养殖蚯蚓，牛粪与滤泥配置的比例为1：1或0.3∶0.7时，有利于蚯蚓的代谢和繁殖，并可确保蚯蚓养殖的安全。

从日本引进的大平二号蚯蚓和北星二号蚯蚓，初衷是用蚯蚓处理垃圾，后来发现蚯蚓是上佳的动物性蛋白质饲料，再加上我国水产和畜禽养殖业的需要，蚯蚓的养殖、开发利用迅速发展起来。近年来，又发现蚯蚓粪的肥力很高，利用蚯蚓粪种出来的瓜果、蔬菜甜美好吃，有机环保，农作物又可以增产，蚯蚓的养殖便掀起了新的热潮。目前我国有大规模的蚯蚓养殖场（公司、合作社）100多家，小规模的蚯蚓养殖场（户）有5万多个（户），其中广西壮族自治区就有上规模的蚯蚓养殖场20多家。现在养殖蚯蚓，除了用作蛋白质饲料以外，更多的是利用蚯蚓粪进行瓜果、蔬菜等农作物及花卉的种植。

第二章
蚯蚓的品种与生物学特性

第一节　蚯蚓的品种

目前全世界已知并记录的蚯蚓有6000多种，能够人工驯养的有几十种，这里我们只重点介绍目前我国养殖较多且较普遍的品种。

一　赤子爱胜蚓

赤子爱胜蚓（彩图1）是最常见的蚯蚓，属于正蚓科，爱胜蚓属。其主要特征为：体长为35～130毫米，一般短于70毫米，体宽为3～5毫米，体节为80～110节。身体呈圆柱形，体色多样，一般为紫色、红色、暗红色或浅红褐色。成熟时体重一般每条为0.5～1克。

一般说来，其背孔从第4～5节（有时是第5～6节）节间开始，生殖带一般位于第24～32节（或第25～33节），性隆脊位于第27～31节，刚毛紧密、对生。雄孔1对，在第15节，有大腺乳突；雌孔1对，在第14节腹部的外侧，受精囊2对，位于第9～10节和第10～11节节间。砂囊大，位于第17～19节。贮精囊4对，在第9～12节，末对最大。其蚓茧较小，呈椭圆形，两端延长，一端略短而尖，每个蚓茧内可有2～6条幼蚓，多数为3～4条。从赤子爱胜蚓选育出来的日本大平二号蚯蚓（彩图2）和北星二号蚯蚓引进我国多年，由于人工养殖的发展，其分布已遍及全国。

赤子爱胜蚓趋肥性强，在果园、菜地、腐熟的堆肥和腐烂的有机物（纸浆与污泥）中可发现，繁殖力强，1年能增殖数十倍，很适合人工养殖。本种在我国有以下几个品种。

（1）日本大平二号蚯蚓　由日本科学家从赤子爱胜蚓选育出来

的。其生长快，成熟早，寿命可达3年以上，比一般的蚯蚓长3～4倍，繁殖力高达300～600倍，每条鲜重0.5克左右，生育期为70～90天，趋肥性、适应性和抗病性都强，饲料来源广泛，饲养技术简单，易为广大群众所掌握。牛粪、猪粪、鸡粪、马粪、鸽子粪、羊粪、农家粪肥、稻草、麦草、酒糟、豆渣、木薯渣、锯末，以及酒精厂、造纸厂、淀粉厂、食品厂、屠宰场排出废物的污泥等均可以作为其饲料。

（2）重庆赤子爱胜蚓 由重庆第一师范学校（现已并入重庆师范大学）选育出来的优良品种，适合人工养殖。

（3）眉山赤子爱胜蚓 由重庆第一师范学校选育出来的优良品种，适合人工养殖。

（4）北京条纹蚓 由中国农业科学院在北京地区从野外的赤子爱胜蚓中选育出来的。本品种适应性强，繁殖率高，喜食纸浆泥、畜粪、食用菌渣等有机物，要求湿度为70%～75%。

（5）川蚓一号 由四川省的科研工作者用台湾环毛蚓、赤子爱胜蚓及大平一号蚓经多元杂交选育出来的一个新品种，属赤子爱胜蚓类。本杂交种的个体均匀，呈鲜红褐色，体长100～200毫米，体宽6毫米左右。其优点是周年可繁殖，产茧多，平均每2天可产1个蚓茧，每个蚓茧可孵化4～10条幼蚓，适合推广应用。

【提示】 日本大平二号蚯蚓繁殖快，繁殖率高，且抗病力较强，是目前我国养殖较多的品种，养殖占有率约为98%。

二 红色爱胜蚓

红色爱胜蚓（彩图3）为正蚓科，爱胜蚓属。其主要特征为：体长为25～85毫米，体宽为3～5毫米，体节为120～150节。身体除了环带区外，体呈圆柱形。活体体色呈玫瑰红或浅灰色，保存时为白色。

一般来说，其背孔自第5～6节节间开始，环带位于第15～32节，性隆脊常位于第29～31节，刚毛较密、对生。雄孔在第

15节，贮精囊4对，在第9~12节。受精囊2对，有短管，开口于第9~10节和第10~11节节间背中线附近。本种主要分布在我国华北和东北地区。

三 绿色异唇蚓

绿色异唇蚓（彩图4）为正蚓科，异唇蚓属。其主要特征是：体长为30~70毫米，体宽为3~5毫米，体节为80~138节。身体呈圆柱形，体色多变，常为绿色、黄色、粉红色或灰色。

一般来说，背孔自第4~5节节间开始，环带位于第28~38节，刚毛紧密、对生。雄孔在第15节上，有隆起的大腺乳突，向前后分别延伸至第14和第16节。在第9~12节上有贮精囊4对。受精囊3对，开口于第8~9节、第9~10节、第10~11节节间。本种主要分布于江苏、安徽、四川、重庆等省市。

四 背暗异唇蚓

背暗异唇蚓（彩图5）为正蚓科，异唇蚓属。其主要特征是：体长为100~270毫米，体宽为3~6毫米，体节为93~170节，身体背腹末端扁平。体色多样，有暗蓝色、褐色或浅褐色、微红褐色，无紫色，从环带后到体末端色浅，但渐变深，有时可见微红色。

一般来说，背孔从第7~8节节间开始。环带为马鞍形，棕红色，位于第26~34节。第31~33节腹侧有二纵性隆脊。每节有刚毛4对，排列紧密、对生。雌孔1对，在第14节腹面外侧。受精囊孔2对，位于第9~10节和第10~11节节间。雄孔大，1对，横裂状，在第15节上。

本种在我国各省、市、自治区都可以找到，生长在潮湿而有机物较多的环境里。其抗逆性强，但繁殖率比赤子爱胜蚓低。在我国南方地区，冬天也能照常生活，还能繁殖后代，适合人工养殖。

五 暗灰异唇蚓

暗灰异唇蚓（彩图6）为正蚓科，异唇蚓属。其主要特征是：体长为100~270毫米，体宽为3~6毫米，体节为118~170节。身体呈暗灰色。

一般来说，背孔从第 8 ~ 9 节节间开始，环带位于第 26 ~ 34 节，呈马鞍形，刚毛每节 4 对。雄孔、雌孔各 1 对。受精囊孔 2 对，在第 9 ~ 10 节和 10 ~ 11 节节间，无乳头突。在第 9 ~ 11 节腹刚毛周围腺肿状。砂囊大而长，位于第 17、19 节，其前有嗉囊。贮精囊 4 对，在第 9 ~ 12 节，前 2 对较小，发育不全。精巢游离，无精巢囊。受精囊 2 对，小且管极短。本种主要分布于江苏、浙江、安徽、江西、四川、北京、吉林等省市。

六 日本杜拉蚓

日本杜拉蚓（彩图 7）为链胃科，杜拉属。其主要特征是：体长为 70 ~ 200 毫米，体宽为 3 ~ 5. 5 毫米，体节为 165 ~ 195 节。无背孔，背面为青灰或橄榄色，背中线为紫青色。

一般说来，其环带为肉红色，位于第 10 ~ 13 节节间，第 10、11 节腹面无腺表皮，刚毛每节 4 对。雄孔 1 对，在第 10 节的后缘。雌孔 1 对，在第 11 ~ 12 节节间。受精囊孔 1 对，在第 7 ~ 8 节节间。在第 7 ~ 12 节腹面，有不规则排列的圆形乳头突，有的也缺少此乳头突。砂囊 2 ~ 3 个，位于第 12 ~ 14 节。卵巢在第 11 节前面内侧。受精囊小而圆，由弯曲的管到一拇指状的膨大部分通出体外。本种分布甚广，我国的华南、华东、华北、东北、西南及长江流域等地都有分布。

七 天锡杜拉蚓

天锡杜拉蚓（彩图 8）为链胃科，杜拉属。其主要特征是：体长为 78 ~ 122 毫米，体宽为 3 ~ 6 毫米，体节为 146 ~ 198 节。

一般说来，背孔自第 3 ~ 4 节节间开始，环带位于第 10 ~ 13 节或分别向前、后延伸至第 9 节和第 14 节。刚毛每体节有 8 根，对生，较紧密。阴茎 1 对，位于第 10 ~ 11 节节间沟。雌孔在第 11 ~ 12 节节间，砂囊 2 个或 3 个，在第 12 ~ 13 节。精巢囊在第 9 ~ 10 节隔膜背侧。受精囊孔 1 对，受精囊呈圆形。精管膨部呈长柱状，可达 2 毫米长，基部为青绿色，有孔突和腺体。本种主要分布于浙江、江苏、安徽、山东、北京、吉林等省市。

八 威廉环毛蚓

威廉环毛蚓（彩图 9）属于巨蚓科，环毛蚓属。主要特征是：个体较大，成熟个体体长一般在 100 毫米以上，大的可达 250 毫米，体宽为 6 ~ 12毫米。体背面为青黄色或灰青色，背中线为深青色，俗称“青蚯蚓”。

一般说来，生殖节（环带）位于第 14 ~ 16 节上。环带呈指环状，无刚毛。体刚毛较细，前端腹面毛稀而不粗。雄孔 1 对，在第 18 节两侧的交配腔内，受精囊孔 3 对，在第 6 ~ 7 节、第 7 ~ 8 节、第 8 ~ 9 节节间，孔在一横裂中小突上。雌孔 1 个，在第 14 节中央。蚓茧呈梨状，每个蚓茧中有 1 条幼蚓，极少数有 2 条。

本种为土蚯蚓，喜生活在菜园地肥沃的土壤中，主要分布在湖北、江苏、安徽、浙江、北京、天津等省市，适合人工养殖。

九 直隶环毛蚓

直隶环毛蚓（彩图 10）属于巨蚓科，环毛蚓属。其主要特征是：体长为 230 ~ 345 毫米，体宽为 7 ~ 12 毫米，体节为 75 ~ 129 节。背部呈深紫红色或紫红色。

背孔自第 12 ~ 13 节节间开始。环带位于第 14 ~ 16 节，呈戒指状，无刚毛。身体刚毛环生，一般中等大小，前腹面稍粗，但不显著。雄孔 1 对，位于第 18 节腹两侧，在皮褶之底中间的突起之上，此突起前后各有 1 个较小的乳头，皮褶呈马蹄形，形成 1 个浅囊。雌孔 1 个，在第 14 节腹面中央。受精囊 3 对，在第 6 ~ 7 节、第 7 ~ 8 节、第 8 ~ 9 节节间。受精囊盲管内侧 1/3 有数个弯曲，下部 2/3 为管。本种主要分布于天津、北京、浙江、江苏、安徽、江西、四川和台湾等省市。

十 参环毛蚓

参环毛蚓（彩图 11）属于巨蚓科，环毛蚓属，是我国南方的大型蚯蚓种类，鲜重每条可达 20 克左右。其特征是：体长为 115 ~ 375 毫米，体宽为6 ~ 12 毫米，背部呈紫灰色，后部色稍浅，刚毛圈为白色。

一般说来，背孔从第 11 ~ 12 节节间开始。环带占 3 个环节，其上无背孔和刚毛。雄孔在第18节腹刚毛圈的小突上，外缘有数个环绕的线皮褶，内侧刚毛圈隆起，前后两边每边有10~20个不等的横排小乳突。受精囊孔2对，位于第7~8节和第8~9节节间。本种分布在我国南方沿海的福建、广东、广西、海南、台湾、香港、澳门等地，是广东的优势种。

十一 通俗环毛蚓

通俗环毛蚓（彩图12）属于巨蚓科，环毛蚓属。其主要特征是：体长为130~150毫米，体宽为5~7毫米，体节为102~110节。背部呈草绿色，背中线为深青色。

一般说来，其环带位于第14~16节，呈戒指状，无刚毛。身体刚毛环生，前端腹面疏而不粗。受精囊3对，在第7~9节节间。受精囊盲管内侧2/3在同一平面左右弯曲，与外端1/3的盲管有明显的区别，贮精囊2对，在第11、13节。卵巢1对，在第12~13隔膜下方。本种主要分布在我国江苏、湖北、湖南等省。

十二 湖北环毛蚓

湖北环毛蚓（彩图13）为巨蚓科，环毛属。其主要特征是：体长为70~222毫米，体宽为3~6毫米。背部呈草绿色，背中线为紫绿色或深橄榄色，腹面呈青灰色，环带为乳黄色。

一般来说，其腹面刚毛较稀外，其他部位刚毛细而密，但环带后较疏。雄孔1对，在第18节腹侧的刚毛线一平顶乳突上。雌孔1个，在第14节腹面正中。受精囊孔3对，在第6~7节、第7~8节、第8~9节后侧的小突上。在第17~18节和第18~19节节间沟各有1对卵圆形乳头突。本种在土粪堆、肥沃的菜园土中易发现，主要分布于湖北、四川、重庆、福建、北京、吉林及长江下游各省市。

第二节 蚯蚓的形态结构

一 外部形态

1. 体形

蚯蚓的体细长而圆，其外部形态特征因种类不同而有所不同，体长从 1 毫米到 1.5 米不等，体宽从 0.5 毫米到 100 毫米不等。刚毛较短，体壁肌肉发达的多为陆栖蚯蚓，适合在地上爬行；刚毛长呈发状的多为水栖蚯蚓。即使是同一种类的蚯蚓，在不同的环境和食物下其体形也有所不同。

2. 体态

一般蚯蚓的形态为细长的圆柱形，有时略扁，头尾秀尖、略扁，整个身体由若干环节组成，体表分节明显，无骨骼，被几丁质的色素所覆盖，除前两节外，其余体节上均生有刚毛。

3. 体色

蚯蚓的体色因种类不同而有所差别，即使是同一种类同一个体的蚯蚓，在不同的生活环境中，其体色也大不相同。

陆栖蚯蚓因所栖息的环境不同而有不同的体色。蚯蚓的背部、侧面大都呈棕色、紫色、红色或绿色，腹部颜色较浅。另外，蚯蚓还具有一定的变色能力，常随栖息环境的变化而有所改变。人工饲养的日本大平二号蚯蚓，若养殖床基料为黑色土壤，则其体色呈暗红色；若养殖基料为发酵好的牛粪，则其体色为明亮的深粉红色。

栖息于水里的蚯蚓体壁一般无色素，体壁不透明的常呈浅白色或灰色，或因血红蛋白存在于体壁毛细血管中而呈粉红色和浅红色，也有的表皮细胞呈其他颜色。

4. 体节

组成蚯蚓身体的各个环节是不尽相同的，前部体节和生殖带一般最宽。不同种类的蚯蚓，体节数目的差异很大，多的可达 600 多节，少的仅 7 节，一般为 110 ~ 180 节。

5. 刚毛

蚯蚓体表的刚毛因种类不同而有差异，有刚毛、钩状毛、生殖刚毛等类型。刚毛的主要作用是运动时能抓住土层。刚毛的形状因种类不同、在身体上所处的位置不同而有差异，多为棒状，或呈针状。

6. 开孔

蚯蚓体表还有很多孔，如背孔、头孔、肾孔、雄性生殖孔（简称雄孔）、雌性生殖孔（雌孔）、受精囊孔等，开孔的形状和部位可作为鉴别种类的依据。

位于背中线节间沟内的孔为背孔，水生或半水生的种类无背孔。

肾孔很小，位于身体侧面节间沟后方，常沿身体每侧扩展或单行排列，肾孔是排泄器官——肾管的开口。

生殖孔在身体的腹面或腹侧面成对向外开口。如巨蚓的雄孔位于第15节腹侧面，每孔在一呈裂缝状的凹陷内，有些种类的雄孔周围还有突出的唇状突或以腺乳突为界并延伸至邻近体节。不同科的蚯蚓，其雄孔可能位于完全不同的体节。

雄孔及前列腺孔都可能开口于突出的乳突或隆脊上，也可直接开口于体表。有的种类的雄孔与前列腺孔合开一个口，若是分开开口，则常与位于腹两侧的纵行精液沟连接。蚯蚓一般有2对或多对受精囊孔，受精囊与孔常不成对，环毛蚓有1列简单的位于腹中线的孔。受精囊孔常位于节间，多在腹面或侧腹面，少数种类有时也接近背中线。

雌孔大多为1对，在节间沟或体节上，如巨蚓科、舌文蚓科的雌孔在第14节上，有时2个雌孔也合成1个位于中间。

7. 生殖带及附属结构

生殖带是表皮的腺体部分，与蚓茧（卵包）的产生有关联，呈马鞍状或环状结构，正蚓科大多似马鞍状，环毛蚓多为环状。虽然生殖带有时仅外部颜色与身体其余部位不同，但是经常呈肿胀状。当成熟的正蚓科的生殖带肿胀时，节间沟常不明显或模糊不清，特别是背面部分。

生殖带的位置往往扩展超过其节数，不同种类的扩展程度也不同。正蚓科的生殖带位于身体前部生殖孔的后方，开始于第22节和第38节之间，向后延伸4～10节。一些水生或半水生的蚯蚓及线蚓科的生殖带只是在卵形成期才短暂地发育。正蚓科的生殖带也仅在繁殖季节才明显可见。

性成熟时，大多数蚯蚓的前部腹面有许多性突起，突起和乳突等各种标志的数量和形状在不同种的蚯蚓个体上都大不相同。性突起由腹面上的腺体加厚而成，位于或近于生殖带。正蚓科具有成对的近乎卵圆形的纵行脊，有时被节间沟部分分隔，或者将乳突分隔在生殖带腹面的两侧。性突起经常延伸数节，但比生殖带所占据的节数少，除

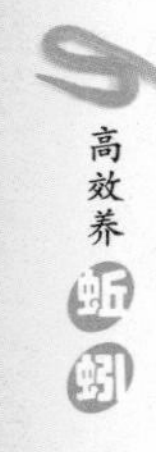

正蚓科的一些种类外，都延伸到生殖带之外。无受精囊的种类常无性突起。性突起和乳突的功能是使蚯蚓交配时容易紧贴。

二 内部结构

1. 消化系统

蚯蚓的消化系统由较发达的消化管道和消化腺组成。消化管道由口腔、咽、食道、嗉囊、砂囊、胃、肠（小肠、盲肠、直肠）、肛门构成。口腔为口内侧的膨大处，较短，位于围口囊的腹侧，只占有第2节或第1~2节；腔壁很薄，腔内无颚和牙齿，不能咀嚼食物，但能接受、吸吮食物；口腔之后为咽，咽壁具有很厚的肌肉层，它向后延伸到约第6节处。口腔内壁和咽上皮均覆盖有角质层。咽部具有很多辐射状的肌肉与体壁相连，咽腔的扩大或缩小或外翻均靠肌肉的收缩来完成，便于蚯蚓取食。所以，一般蚯蚓喜欢吞食湿润、细软的食物，而干燥、颗粒大、较坚硬的食物难被食取。一些大型的陆栖蚯蚓，如正蚓科环毛蚓属和异唇蚓属的种类，在咽的背壁上有一团灰白色、叶裂状的腺体，即咽腺，它可分泌含有蛋白酶、淀粉酶的消化液。由此可见，蚯蚓的咽除具有摄食、贮存食物的功能外，还具有消化作用。

紧接咽后部的细管即为食道。水栖蚯蚓的食道有钙腺，其形态、数量和位置常随种类而异。钙腺也是其分类的重要依据之一。通常，钙腺是食道壁左右两侧突出的1对或多对囊状腺体。现已证明，钙腺对酸碱调节具有重要的作用，能维持消化系统的正常机能，稳定氢离子浓度，有助于消化酶和消化道内共生的有益微生物的活动，并且对体内二氧化碳的排出也有重要作用。

嗉囊为食道之后一个膨大的薄壁囊状物，有暂时贮存、湿润和软化食物的功能，也有一定的过滤作用，还能消化部分蛋白质。某些种类缺乏嗉囊和砂囊。

在嗉囊之后，紧接的是坚硬而呈球形或椭圆形的砂囊，即所谓的“胃”。有些蚯蚓仅有1个砂囊，占1个或多个体节。通常陆栖蚯蚓均有砂囊。砂囊具有极发达的肌肉壁，其内壁具有坚硬的角质层。在砂囊腔内常存有砂粒。因砂囊的肌肉强收缩、蠕动，可使食物不断地受到挤压，加上坚硬的角质膜和砂粒的碾磨，食物便逐渐变小、破碎，最后成为浆状食糜，便于吸取。砂囊的存在，是蚯蚓为适应在土壤中生活的结果。因胃壁上具有腺体，能分泌淀粉酶和蛋白酶，故胃是蚯蚓重要的消化器官。

胃之后紧接一段膨大而长的消化管道是小肠，有时又称为大肠。其管壁较薄，最外层为黄色细胞形成的腹膜脏层，中层外侧为纵肌层，内侧为环肌层，最内层为小肠上皮。上皮细胞由富有颗粒及液泡的分泌细胞和长形、锥状的消化细胞组成，可以分泌含有多种酶类的消化液，消化并吸收营养。小肠沿背中线凹陷形成盲道，这有助于小肠的消化和吸收。大部分的食物消化和吸收都在肠中进行，但水栖种类无此构造。

环毛蚓属的种类，在第 24 节处的小肠侧面常有 1 对盲肠，与小肠相通，并分泌多种消化酶，如蛋白酶、淀粉酶、脂肪酶、纤维素酶、几丁质酶等。小肠后端狭窄而薄壁的部分为直肠，一般无消化作用，其功能是促使消化吸收后的食物残渣变成蚓粪并由此经肛门排出体外。

2. 循环系统

蚯蚓的循环系统由纵血管、环血管和壁血管组成，属闭管式循环。血管的内腔为原体腔被次生体腔不断扩大排挤后残留的间隙形成。纵血管有位于消化管背面中央的背血管和腹侧中央的腹血管。腹血管较细，血液自前向后流动。紧靠腹神经索下面为 1 条更细的神经下血管，食管两侧各有 1 条较短的食管侧血管。背血管较粗，可搏动，其中的血液自后向前流动。

环血管主要有心脏 4 ~ 5 对，在体前部，位置因种类不同而异。心脏连接背腹血管，可搏动，内有瓣膜，血液自背侧向腹侧流动。

壁血管连于背血管和神经下血管，除体前端部分外，一般每个体节有 1 对，收集体壁上的血液入背血管。蚯蚓的血管未分化出动脉和静脉，血液中含有血细胞，血浆中有血红蛋白，故显红色。血循环途径主要是背血管自第 14 节后收集每个体节 1 对背肠血管含养分的血液和 1 对壁血管含氧的血液，自后向前流动。大部分血液经心脏入腹血管，一部分经背血管在体前端至咽，食管等处的分支入食管侧管。腹血管的血液由前向后流动，每个体节都有分支至体壁、肠、肾管等处，在体壁进行气体交换，含氧多的血液于第 14 节前回到食管侧血管，而大部分血液（第 14 节后）则回到神经下血管，再经各体节的壁血管入背血管。腹血管于第 14 节以后，在各体节于肠下分支为腹肠血管入肠，再经肠上方的背肠血管入背血管。

3. 呼吸系统

陆栖蚯蚓一般没有特殊的呼吸器官，主要是通过湿润且布满毛细血管网的皮肤进行气体交换，从而获得氧气，排出二氧化碳。

蚯蚓的呼吸过程，不管是体壁还是鳃，首先是氧气溶解在呼吸器官表面的水中，然后通过渗透作用，使氧经表皮进入毛细血管的血液中与血红蛋白相结合，这样氧便随血液运送至蚯蚓身体各部位。同时，经代谢产生的二氧化碳和废物被带至体表和肾管等器官，最后排泄到体外。

蚯蚓呼吸时，必须保持体表足够的湿润度，才能溶解空气中的氧气，这主要依靠背孔不时喷出体腔液来实现。一旦体表干燥，气体交换便无法进行，蚯蚓就会窒息而死。

4. 排泄系统

蚯蚓的排泄系统由多个肾管组成，是寡毛类氮排泄的主要器官，除前 3 节和最后一节外，第 1 节都有 1 对肾管，称为后肾，为排泄器官，其出口为漏斗状带纤毛的肾口。肾管很长，每节的肾管穿过体节后端的隔膜后盘旋。腹血管分出的血管网包围着肾管，肾管的后端变粗形成膀胱。肾管具有过滤、吸收和化学转化的特殊功能。后肾主要通过肾口在体腔中收集代谢产物，由于血管网的包围也能主动收集来自血液中的代谢产物。

另外，蚯蚓还能通过体表、消化道、肠上排泄管的开口、黄体细胞、肾孔、体壁黏液细胞，直接或间接地把代谢所产生的含氮废物连同一部分水和无机盐等物质，以尿液的形式排出体外。肾口连着 1 条较长的后隔膜管道，分为窄管、宽管、膀胱 3 部分。膀胱开口于肾孔，把废物排出体外。

不同种类的蚯蚓，其肾管的种类、数量、形状及排泄尿液的途径往往不同。例如，巨茎环毛蚓具有咽丛生肾管，参环毛蚓的肾管分为隔膜肾管、体壁肾管和咽肾管。

5. 神经系统

蚯蚓的神经系统由中枢神经系统和外周神经系统组成，并且与身体的各种感觉器官、反应器官组成反射弧。中枢神经系统包括脑、围咽神经、咽下神经节和腹神经索等部分。外周神经系统是由中枢神经系统向外周发出的所有神经，所括全部感觉神经和运动神经。

反射弧是由感觉器官中的感觉神经细胞、感觉神经纤维，腹神经索中的中间神经元，运动神经细胞及其纤维和反应器官构成。这是蚯蚓适应自然界生活的结果。

另外，蚯蚓的神经系统中也有一些分泌细胞，可以分泌激素。蚯蚓的激素是一类较复杂而具有活性的有机物质，具有生理的调控机能。这些激素对于蚯蚓的生殖、再生均有十分重要的影响。

6. 生殖系统

蚯蚓为雌雄同体的动物，但需要异体交配受精，比单性动物的生殖系统复杂。生殖器官限于身体前部的少数几个体节，包括雄性、雌性器官和附属器官，以及受精囊、生殖环带和其他腺体结构。

生殖细胞来自体腔隔膜上的上皮细胞，如环毛蚓具有 2 对精巢囊，分别位于第 10、11 节内，每对精巢囊的后方各有 1 对由体腔隔膜形成的贮精囊，位于第 11、12 节内，并与精巢囊有小孔相通。

雌性生殖器官由卵巢、卵囊、卵巢腔、雌性生殖管和受精囊构成。卵巢产生卵，其后开口于卵漏斗的背壁，由狭窄的后部形成输卵管，开口于体腹面，一般生殖带由厚的腺体表皮组成，特别是背部和侧部是三层腺体细胞（黏液腺、卵茧分泌腺和白蛋白腺）组成，能分泌一种黏稠物质，可形成黏液管和蚓茧。

雄性生殖器官由精巢、精巢囊、贮精囊、雄性生殖管、前列腺、副性腺和交配器构成。蚯蚓的精巢一般为 1 对，有的品种有 2 对，贮精囊内发育着精细胞，并充满了营养液。精巢囊和贮精囊相连处为发育着的精细胞的贮存囊，精子或漏斗囊都进入体节的后壁，精漏斗褶多。开口于雄性管或输入管，即体外雄孔，前列腺与输精管后端相连，受精囊成对。

【提示】 蚯蚓虽然是雌雄同体的动物，但自己的精卵不能结合，要与另外的蚯蚓交配受精。避免近亲繁殖，进行基因交流，也有利于种群健康发展。

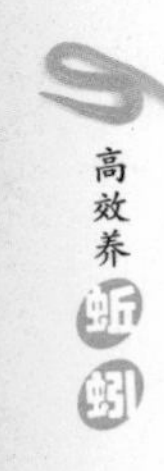

第三节 蚯蚓的生物学特性

一 生活习性

当我们决定要养殖一种动物时，首先要了解其生活习性，根据它的生活习性进行日常管理，才能降低成本，提高经济效益。若不了解就盲目饲养，有时会适得其反，所以养殖之前，必须了解所养动物的生活习性，蚯蚓也是如此。由于蚯蚓品种较多，生活环境和喜食饲料各不相同，所以它们的生活习性也略有差别，但是喜温、喜湿、喜暗、喜透气、怕酸、怕光、怕盐、怕振、怕辣食等是共同的特点。

蚯蚓大多喜温暖、湿润的土壤环境。若土壤表层或土壤中富含有机物，则更适宜蚯蚓的生长繁殖。不同品种的蚯蚓，其生长的适宜温度不同，一般多在15~28℃之间。蚯蚓喜暗，在其体表口前叶有感光细胞，对光照很敏感，故除夜晚能到土壤表层觅食外，一般均在土壤表层下穿行，通常在19：00至午夜活动较多。但也有例外的时候，在交配季节，一些在邻穴栖息的蚯蚓尚在凌晨就把身体的大部分露出穴外1~2小时；还有患病的蚯蚓，它们在昼间爬来爬去，并可能死于地表。应注意的是，并不是在地表爬来爬去的蚯蚓就是不健康的蚯蚓，我们通常可以在大雨过后的地表面上见到蚯蚓。

正因为蚯蚓长期生活在土壤的洞穴里，它的身体形态结构与生活习性等方面必然会对生活环境产生一定的适应，这是自然选择的结果。

首先，蚯蚓的头部因穴居生活而退化，虽然在身体的前端有肉质突起的口前叶，膨胀时能摄取食物，当它缩细变尖时又能挤压泥土和挖掘洞穴，但因终年在地下生活，不需要依靠视觉来寻觅食物，所以在口前叶上不具有视觉功能的眼睛，只有能感受光线强弱或具有视觉的一些细胞。

蚯蚓的运动器官是刚毛，也就是说它是依靠刚毛来活动的。利用刚毛，它能把身体支撑在洞穴里，或在地面上蜿蜒前进或后退。

蚯蚓的身体是由许多的体节组成的，在每个体节与体节之间的背中央有1个小孔，叫背孔。背孔和身体内部相通，所以它的体腔液可以从这个小孔里射出来，利用这种液体湿润身体，以增加它在土穴中的滑润，减少与粗糙砂土颗粒的摩擦，并防止体表干燥。此外，体表的湿润还与蚯蚓的呼吸密切相关，因为缺少特殊的呼吸器官，蚯蚓主要通过湿润的表皮来进行氧气与二氧化碳的气体交换。

蚯蚓的感觉器官也因为穴居生活而有所退化，只在皮肤上存在能感受触觉的小突起，在口腔内能辨别食物的感觉细胞，以及主要分布在身体前端和背面的感光细胞，这种感光细胞仅能用来辨别光线的强弱，并无视觉的功能。

蚯蚓无眼，但能辨别光、暗；受强光照射时能迅速后退，但不是条件反射，而且光线是通过其强度及持续时间对蚯蚓产生影响的。蚯蚓只有其身体的前端（脑神经节所在处）才受光的影响，如果把这部分遮住，即使充分照射身体的其他部分，也不会产生什么影响；对热与冷敏感；蚯蚓没有听觉器官，但对振动与全身接触敏感。

概括起来，蚯蚓具有“六喜六怕”的生活习性。

1. 六喜

（1）喜阴暗 蚯蚓属夜行性动物，白昼蛰居泥土洞穴中，夜间外出活动，一般夏秋季在19：00至第二天凌晨2：00外出活动，22：00~23：00为活动高峰期，它喜欢生活在阴暗处，一般是钻在土层下觅食或钻在基料中觅食，黑夜时也有爬出地面觅食的。因怕光所以养成了昼伏夜出的习性。蚯蚓虽然没有眼睛，看不到光，但其感光器官对光非常敏感。强光对蚯蚓的生长、繁殖极为不利，所以养殖床应设在阴暗处。

（2）喜潮湿 自然界中陆栖蚯蚓一般喜居在潮湿、疏松而富含有机物的泥土中，特别是肥沃的庭园、菜园、耕地、沟、河、塘、渠道旁及树下等处。蚯蚓喜欢生活在潮湿的环境中，因而环境不能过于干燥，但也不能过于潮湿，不能浸泡（水丝蚓除外）。这里所说的喜湿性包括两个方面，一是养殖基料的湿度，二是空气湿度。一般养殖基料的湿度要求在70%（即用手紧握基料，指缝见水滴而不流下为好），空气的相对湿度调节到60%~80%为好。

（3）喜安静 蚯蚓喜欢安静的周围环境。生活在工厂周围的蚯蚓多生长不好或逃逸。所以养殖场应选在安静的地方。不要振动或经常上下翻动基料，经常振动将会对蚯蚓的生长繁殖造成不良的影响。

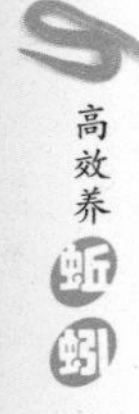

（4）喜温 蚯蚓尽管为世界性分布，但它喜欢生活在温暖的环境中。生长的适宜温度为15～28℃；5℃以下处于休眠状态，32℃以上停止生长，40℃以上死亡，最佳温度是20～25℃。要想获得良好的养殖效益，就要常年保持最佳温度为20～25℃的养殖环境。

（5）喜甜食和酸味 蚯蚓是杂食性动物，除了玻璃、塑胶、金属和橡胶，其余如腐殖质、动物粪便、土壤细菌及这些物质的分解产物等许多物质都吃。蚯蚓味觉灵敏，喜甜食和微酸味，厌苦味，喜欢松软细嫩的饲料，对动物性饲料尤为贪食，每天的食量相当于自身体重。食物通过消化道，约有一半作为粪便排出。

（6）喜同代同居 蚯蚓具有同代同居，子孙不同堂的习性。尤其在高密度情况下，小的繁殖多了，老的就要跑掉、搬家。

2. 六怕

（1）怕光 蚯蚓为负趋光性，会逃避强烈的阳光、蓝光和紫外线的照射，但不怕红光，趋向弱光，在阴湿的早晨有蚯蚓出穴活动就是这个道理。阳光对蚯蚓有毒害作用，主要是因为阳光中含有紫外线，在阳光照射试验中，红色爱胜蚓经阳光照射15分钟，有66%死亡，20分钟则100%死亡。养殖过程中可利用蚯蚓怕光的习性用灯光进行防逃。

（2）怕振动 蚯蚓喜欢安静环境，不仅要求噪声低，而且不能振动。在桥梁、公路、飞机场附近均不宜建蚯蚓养殖场，以免蚯蚓表现不安，甚至逃逸。

（3）怕水浸泡 尽管蚯蚓喜欢潮湿环境，甚至不少陆栖蚯蚓能在完全被水淹没的环境中较长久地生存，但它们从不选择和栖息于被水淹没的土壤中。若养殖床湿度过大，或被水淹没后，多数蚯蚓马上逃走。

（4）怕闷气 蚯蚓生活时需要良好的通气，以便及时补充氧气，排出二氧化碳。对氨、烟气等特别敏感。氨含量超过17%时，就会引起蚯蚓黏液分泌增多，群体死亡。烟气主要含有二氧化硫、一氧化碳、甲烷等有害气体。人工养殖蚯蚓时，为了保温而进行舍内生炉时，其管道一定不能漏烟气。

（5）怕农药 据调查，使用农药尤其是剧毒农药的农田或果园的土壤里蚯蚓数量少。一般有机磷农药中的谷硫磷、二嗪农、杀螟松、马拉硫磷、敌百虫等，在正常用量条件下，对蚯蚓没明显的毒害作用，但有一些如氯丹、七氯、敌敌畏、甲基溴、氯化苦、西玛津、西维因、涕灭威、硫酸铜等对蚯蚓毒性很大，养殖蚯蚓的农田最好不使用这些农药。有些化肥如硫酸铵、碳酸氢铵、硝酸钾、氨水等在一定浓度下，对蚯蚓也有很大的杀伤力。如氨水，在农业中常用水稀释25倍后施用，但蚯蚓一旦接触这种4%的氨水溶液，少则几十秒，多则几分钟即死亡。所以，养殖蚯蚓的农田，应尽量多施有机肥或尿素，尿素用量在1%以下，不仅对蚯蚓没有毒害作用，而且可以作为促进蚯蚓生长发育的氮源。

（6）怕酸碱 蚯蚓对酸性环境很敏感。当然，不同种类的蚯蚓对环境酸碱度的忍耐限度不同。八毛枝蚓、爱胜双胸蚓为耐酸种，在pH3.7～4.7之间能生活；背暗异唇蚓、绿色异唇蚓、红色爱胜蚓、赤子爱胜蚓则不耐酸，最适pH为6～7。碱性大也不适宜蚯蚓生活，据对环毛蚓在pH为1～12的溶液中忍耐能力的测定表明，在气温20～24℃、水温18～21℃情况下，pH分别为1～3和12时，蚯蚓在几分钟至十几分钟内便死亡。随着溶液酸碱度偏于中性，蚯蚓的致死时间逐渐延长。人工养殖赤子爱胜蚓和红正蚓时，最好把饲料至偏弱酸性，这样有利于蛋白质等物质的消化。

二 运动性

蚯蚓的运动方式较特殊，主要通过体壁、刚毛和体腔3部分的蠕动收缩来完成运动。

1. 运动方式

蚯蚓在运动时，几个体节成为一组，一组的纵肌收缩，环肌舒张，体节则缩短，同时体腔内压力增高，刚毛伸出附着。相邻的体节组环肌收缩，纵肌扩张，体节延长，体腔内压力降低，刚毛缩回，使身体向前或向后运动。整个运动过程，由每个体节组与相邻的体节组交替收缩纵肌与环肌，使身体呈波浪状蠕动前进。蚯蚓每收缩1次，一般可前进3厘米左右，收缩的方向可反转，可做倒退的运动。

2. 运动器官

（1）体壁 当体壁得到运动指令后，首先体壁的体节进行分组，一组使体壁固定附着在某物体上，另一组体壁收缩，使体壁变短后并固定，而前面一组向前延伸，固定附着后，后面一组再向前收缩。因此，蚯蚓体壁收缩蠕动是其运动的结果。

（2）刚毛 刚毛的作用是使体壁固定附着。当需要固定附着时，刚毛则从体壁的刚毛囊内伸出，而当体壁需要前行时，刚毛可收回到刚毛囊内。因此，刚毛是帮助蚯蚓的体壁完成收缩的器官，若没有刚毛，其将无法前进或后退。

（3）体腔 体腔由体腔液组成，蚯蚓通过控制体腔液的流动，使体腔内不同部位的压力发展变化，来迫使体壁的收缩。因此，体腔是帮助蚯蚓完成运动的器官。

三 穴居性

陆栖蚯蚓属杂食性全期土壤动物，即终生在土壤中居住及生活。蚯蚓具有钻土凿洞的高本领，筑成的洞穴也是纵横交错、四通八达，大都位于深5～10厘米的表土层内。蚯蚓钻土时，先将身体前端变成类楔状并伸长，钻入土中，然后利用膨胀后的口前叶，将四周土壤挤压推开。一伸一缩，向下推进，很快便钻成一条深入土中的“隧道”。一般孔道直径大小等同于蚓体收缩时的体宽，并随着蚓体不断生长而逐渐扩大。在蚯蚓洞口，会有蚓粪、沙粒、石子、土封塞或掩盖。当蚯蚓钻洞时前端朝下，排粪时后端伸出洞口，但在出洞觅食或交配时，前端却转而向上。

自然界中的蚯蚓在夜间爬出洞外，啃食泥土和地面的落叶等有机物，待3小时左右消化完毕后，退到洞口处排泄粪便，此粪便称为蚓蝼。若体内所含水分较多，排泄的蚓粪呈小滴状喷泻而出；若所含水分较少，则蚓粪呈缓慢运动的蠕虫状排出。成堆的蚓粪规则地排出，先排于一侧再排于另一侧，交替进行着，最终形成塔状。其大小与蚯蚓体型有关，体型越大，蚓粪越高。可根据蚓粪的大小推断土壤中蚯蚓的体型大小。

蚯蚓分布于洞穴中的深度与其种类、季节和温度有关。在1～2月土壤温度大约为0℃时，多数蚯蚓在10厘米以下；到了3月，土温升到5℃时，蚯蚓就到10厘米深处，多数的绿色异唇蚓、背暗异唇蚓、红色爱胜蚓、长异唇蚓、夜异唇蚓和正蚓移至7.5厘米深的土层中，较大的蚯蚓仍停留在较深的土壤中。6~10月，除新孵化出的幼蚓外，都移至7.5厘米以下。11~12月多数蚯蚓又移至7.5厘米深的土层中，促使蚯蚓移向更深的土层的因素是土壤表层的寒冷，除正蚓外，其他蚯蚓在夏季和冬季都要休眠，在这两个季节里，它们都停留在比7.5厘米更深的土层下。在夏季休眠的蚯蚓比冬季的更多。

四 食性

蚯蚓为杂食性动物，食性极广，除了金属、玻璃、砖石、塑料和橡胶之外，几乎所有的有机物都能吃，尤其嗜食腐肉。蚯蚓摄取泥土中腐熟、分解了的动物和植物残体，以及细菌、酵母菌、真菌、线虫和原生动物。在自然环境下，蚯蚓主要以表土层的枯枝、落叶、腐草和土壤中的虫卵、蚓尸等为食。在人工养殖条件下，蚯蚓喜欢吃菜叶、瓜果、稻草、腐烂的树叶、马铃薯、锯木屑、木薯渣、酒糟、废纸渣和食品加工下脚料等，也摄食动物粪便，尤其喜欢食牛粪、马粪、猪粪等，对含盐量小于1%的咸味食物，即不嗜食也不拒食。因此，投喂蚯蚓的食物必须是有机物，必须经过发酵腐熟，又不可混入化学药品。

五 生活环境

蚯蚓属于变温动物，体温随着外界环境温度的变化而变化。外界温度、湿度、光照、酸碱度等不仅直接影响蚯蚓的体温及其活动，还影响它们的新陈代谢、生长、呼吸及生殖的强度。

1. 温度

不同种类的蚯蚓或同一种蚯蚓而处于不同生长发育阶段，对温度的适应也有较大的差异。不同种类的蚯蚓，其生长发育所需的适宜温度、最高和最低致死温度都有所差异。

（1）适宜温度 适宜正蚓科蚯蚓生存的温度为12℃，如红色爱胜蚓、背暗异唇蚓等，而红色蚓为15~18℃，深红枝蚓为18~20℃，绿色异唇蚓、蓝色辛石蚓为15℃，我们常养殖的品种赤子爱胜蚓为20~24℃。

（2）致死温度 致死的最高温度，环毛蚓为37~37.75℃，背暗异唇蚓为39.5～40℃，红色爱胜蚓为37～39℃，赤子爱胜蚓、威廉环毛蚓和天锡杜拉蚓为39～40℃，日本杜拉蚓为39～41℃。因随着土壤温度的升高，蚯蚓体表的水分会大量蒸发而使其降温，故致死的最高温度还可以稍稍升高。当温度降为0～5℃时，蚯蚓便会进入冬眠状态。此时，其抗寒能力最强，在冻土层中可发现大量的红色爱胜蚓。休眠状态的蚯蚓，当温度回升到13℃，经8～9小时即可自然复苏。温度影响着蚯蚓的新陈代谢活动。因此，为了使蚯蚓正常生长繁殖，在夏季高温时必须采取降温措施，如向养殖床洒水降温，并加以遮盖。随着冬季来临，气温逐渐降低，日照渐短，就必须考虑采取加温、保温的措施。

蚯蚓的生长发育与温度的高低有着密切的关系。在适宜的温度条件下，温度升高时，蚯蚓则加快发育；温度降低时，则延缓或抑制发育。蚯蚓体重增加的快慢，与温度也十分密切。另外，温度也影响蚯蚓的活动、代谢和呼吸。

2. 湿度

蚓床湿度

湿度对蚯蚓的生长发育、繁殖和新陈代谢有着极其密切的关系，是影响蚯蚓丰产、欠产的原因之一。蚯蚓对水分的吸收和流失，主要通过体壁和蚯蚓身体的各种孔道进行。水是蚯蚓的重要组成成分（体内含水量一般为75%～90%）和必需的生活条件。因此，防止水分的流失是蚯蚓生存的关键。蚯蚓生活的自然环境和土壤过湿或过干，均对其生活不利。蚯蚓对干旱的环境条件有一定的抵御能力，主要通过迅速转移到较潮湿的适宜环境中去，或通过休眠、滞育或降低新陈代谢，从而减少水分的消耗。一旦抵御不了，蚯蚓会因体内水分丧失而死去。当土壤含水量为50%～55%时，不利于蚯蚓生长及活动；当土壤含水量为68%左右时，蚯蚓的生长及进食为最佳；当土壤含水量超过72%以上时，则不利于蚯蚓的生活。不同种类的蚯蚓对失水存活极限也有差异。总之，若蚯蚓栖息的环境含水量太低，对蚯蚓的生长及活动也十分不利，反之湿度过大也不利于蚯蚓生长及活动。

【提示】 蚯蚓没有肺、鳃等专门的呼吸器官，它是通过皮肤上面的毛细血管网进行气体交换（呼吸）的，湿度过大会影响蚯蚓的呼吸。

3. 光照

蚯蚓只有在表皮、皮层和口前叶这些区域具有类似晶体结构的感觉细胞，身体中部对光感觉稍差，后部仅有极微的反应。但当蚯蚓从黑暗中突然暴露于光照时，会有强烈的反应。一般蚯蚓为负趋光性，尤其惧怕强烈的光照刺激，蚯蚓对不同波长的光线有不同的反应，畏阳光、强烈的灯光、蓝光和紫外线照射，但不怕红光，所以蚯蚓通常在清晨和傍晚时出穴活动。试验结果表明，蚯蚓的适宜光照度为32~65勒克斯，比蜗牛的适宜光照度要低，这时蚯蚓静止不动；当光照度增至130~200勒克斯时，蚯蚓会出现负趋光反应，如果当光照度增至190~250勒克斯，蚯蚓会以极快的速度藏到较黑暗的地方。此外，阳光和紫外线对蚯蚓均有杀伤作用，所以我们在养殖时应特别注意，可根据蚯蚓对光照反应的特点，避免将蚯蚓暴露在阳光下照射。不过可以利用蚯蚓对光照的反应，在养殖采收时利用蚯蚓惧怕光线的特性来驱赶蚯蚓，使其与粪便分离，提高采收效率。另外，还可利用蚯蚓不怕红光的习性，在红光照射下，对蚯蚓的生活习性行为等进行观察和研究。不同种类的蚯蚓、蚯蚓个体的大小及发育成熟阶段的不同，对各种光照的反应和耐受性也有差异。

4. 空气

对蚯蚓生长繁殖等活动影响较大的是空气中氧和二氧化碳的含量。我们经常发现，在自然界中大雨过后，往往有许多蚯蚓爬行在路上或被雨水溺死，这是由于雨水过多而将蚯蚓栖息的洞穴和通道灌满，使栖息场所严重缺氧，含量过高的二氧化碳溶于水后成为碳酸，这时蚯蚓忍受不了酸性的刺激而爬出洞外。通常蚯蚓对土壤中二氧化碳含量的耐受极限为0.01%~11.5%（不过有的蚯蚓可耐受的二氧化碳含量在50%以上），如果超过上述极限，则蚯蚓往往会出现迁移、逃避等现象。

蚯蚓对各种气体的反应也十分敏感，有些气体对蚯蚓有害，如一氧化碳、氯气、氨气、硫化氢、二氧化硫、三氧化硫、甲烷、尸氨等气体，在养殖蚯蚓时则应特别注意，尤其在冬季，为了给蚯蚓养殖场增加温度，往往以煤为燃料生炉子；如果通烟管道不好，泄漏烟气，则会引起蚯蚓大量死亡，因为在烟气中均含有上述有害气体。此外，蚯蚓的食料往往需发酵，发酵后也会产生上述有害气体，要严加注意。饲料投喂前要充分发酵，并且还要经常翻捣或放置一段时间后再喂养，使有害气体完全散发。

5. 声音

蚯蚓没有听觉，但对借助固体传导或直接接触到的机械振动却非常敏感，振动土层可使蚯蚓逃出地面。因此，蚯蚓养殖场应远离铁路、公路等振动较强的地方，避免振动和噪声。可利用地震前蚯蚓纷纷逃离洞穴这一现象来预报地震。蚯蚓还会在阴雨、大风、大雾等情况下爬出洞穴。

6. 酸碱度

蚯蚓体表分布的感受器，对外界环境的酸碱度强弱十分敏感。在强碱、强酸环境不能生存，只适合在弱酸、弱碱的环境下生存。不同种类的蚯蚓，对土壤酸碱度的要求也有所不同，栖息于沙土中的两种环毛蚓喜欢生活于偏碱性的环境中，而环毛属、双胸属的蚯蚓则喜栖息于偏酸性的土壤中。

试验表明，赤子爱胜蚓在 pH 为 6.5 ~ 7.5 的土壤中生长发育、繁殖良好，在 pH 为 6.5 ~ 7.0 的范围内生产蚓茧最多，生长较快。若将它们置于 pH 在 5.5 以下的酸性环境中，则会呈现强烈的拒避反应、痉挛性扭曲，从背孔喷出体腔液，继而蚓体伸直，不久即死亡。

因此，养殖蚯蚓时应注意饲养床基料的 pH 是否符合所养蚯蚓种类的需要，这关系到养殖能否成功。从野外采集蚯蚓进行养殖时，应顺带测试其原栖息土壤的 pH，利用弱酸（如醋酸、柠檬酸）、弱碱（如石灰）进行调节，尽量将酸碱度调到其适应的范围内。调节时，切勿使用硫酸、盐酸、硝酸之类的强酸。

7. 盐类

土壤和饲料所含的各种盐类对蚯蚓也有较大的影响，不同种类的蚯蚓对不同浓度的盐类，其耐受性也有所差异。例如，将红色爱胜蚓、赤子爱胜蚓、微小双胸蚓、背暗异唇蚓、威廉环毛蚓放入0.6%的盐水溶液中均可存活，若超过0.8%，则会陆续发生死亡，在1.9%~2.5%的盐水溶液中，1小时内完全死亡。然而，许多蚯蚓对结晶的硫酸钠溶液有着较高的耐受性，如红色爱胜蚓、背暗异唇蚓等在3%的硫酸钠溶液中可生存1周。若浓度增高，则加快死亡；赤子爱胜蚓在温度为12.5~25℃、硫酸钠溶液为8%时，致死时间为45.3小时。

因此，在养殖过程中，要防止农药、有害污水的毒害。若利用蚯蚓改良大片土壤，必须充分考虑不同种类的蚯蚓对酸碱度、盐类的反应，才能收到预期的效果。某些化肥对蚯蚓也会产生影响，但含量在1%以下的尿素不仅对蚯蚓无害，反而可增加蚯蚓生长发育所需的氮源。因此，如果在农田养殖蚯蚓时，可尽量施农家肥或尿素，这样有利于蚯蚓的生长和繁殖，解决蚯蚓的营养需求。

8. 密度

蚯蚓养殖密度的大小在很大程度上会影响环境的变化，不合理的密度会导致整体蚯蚓产量减少，养殖成本提高。若养殖密度小，虽然个体生存竞争不激烈，每条蚯蚓增殖倍数大，但整体面积下蚯蚓增殖倍数小，交配率低，产量低，耗费人力、物力较多；若养殖密度过大，由于食物、氧气等不足，代谢产物积累过多，造成环境污染，生存空间拥挤，导致蚯蚓之间生存竞争加剧，使蚯蚓增重慢、生殖力下降、病虫害蔓延、死亡率增高、逃逸增多。因此，人工养殖蚯蚓应掌握最佳的养殖密度，种苗投放密度以每亩275~300千克为宜。

六 活动规律

蚯蚓活动随季节的变化而变化。在温带和寒带，冬季低温干旱使蚯蚓进入冬眠状态，到第二年开春，随着温度的回升、雨季的来临，蚯蚓苏醒，开始活动。每年4~5月及8~11月是蚯蚓活跃期，特别是9~10月最为活跃，也是产茧高峰期。

在热带，蚯蚓活动也局限在一定的季节，如我国云南地区，蚯蚓活动多在雨季的5~10月，当土壤含水量降到7%以下时，蚯蚓也出现休眠。

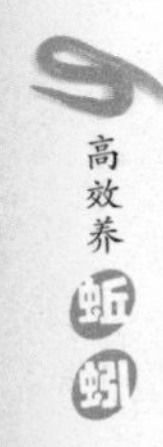

七 繁殖特性

一般蚯蚓通过有性生殖繁殖后代，也可以再生，无论是孤雌生殖，还是异体受精、自然体受精等生殖方式及其胚前发育等均有很大的差异，但都要形成性细胞，并排出含1个或多个卵细胞的蚓茧，这是蚯蚓繁殖所特有的方式。蚯蚓蚓茧的生产场所、颜色、形状、大小、组成、含卵量及其生产量常因种类不同而有差异。

不同种类的蚯蚓，其蚓茧生产的场所也有不同。一般陆栖蚯蚓的蚓茧产于陆地上，如红色爱胜蚓、背暗异唇蚓、日本异唇蚓等常产于潮湿的土壤表层，若土壤干旱则产于较深处。八毛枝蚓常产于腐殖层中，赤子爱胜蚓常产于农家肥堆处。水栖的种类，其蚓茧一般产于水中。

蚓茧的颜色常随着生产蚓茧时间的推移而逐渐改变。通常初生产的蚓茧颜色为浅白色、浅黄色，后逐渐变为黄色、浅棕褐色，赤子爱胜蚓茧在孵化时的颜色跟蚯蚓的体色相同，孵化完后变为深棕色或暗褐色。

蚓茧的形状也因种类不同而有差异。通常蚓茧的形状多为球形、椭圆形等，有的为纺锤形、袋形、花瓶形等，少数的蚓茧呈长管形或细长的纤维状。此外，不同种类蚯蚓的蚓茧端部的形状和结构也不一样，有的呈簇状、茎状，有的呈圆锥状或伞形，有的端部较突出。茧壁由交织纤维组成，此种纤维在开始形成时是软的，后来才逐渐变硬，而且十分耐干和耐损伤。

蚯蚓所产蚓茧的大小常常与蚯蚓个体的大小成正相关。例如，陆正蚓产的蚓茧宽4.5~5毫米、长6毫米，而环毛蚓类产的蚓茧要小一些，宽约为1.8毫米、长2.4毫米。此外，蚓茧的长度与分泌黏液管和蚓茧膜的环带的长短有关。

不同种类的蚯蚓所生产的蚓茧，每个的含卵量也是不同的，有的为多个，有的仅1个。如赤子爱胜蚓的每个蚓茧内含有1~15个卵；环毛蚓的蚓茧一般含1个卵，少数含2~3个卵；红正蚓的蚓茧一般含1~2个卵，有时更多。

不同种类的蚯蚓所产的蚓茧量也有差异。在适宜的条件下，性成熟的蚯蚓在1年之内可以陆续生产蚓茧。不过，生活在自然界的野生蚯蚓，其蚓茧的生产有明显的季节性，因为在自然界常受各种生态因子的影响，遇到高温、干旱或食物供应不足等不良环境条件时，则常伴随蚯蚓的滞育、休眠而停止生产蚓茧。有时为了生存和延续后代，可能在较短的时间内生产较多蚓茧。

蚓茧茧壁是交织纤维，由 3 层结构组成，最外层为纤维结构，中层为交织的单纤维，内层为浅黄色的均质。初生的蚓茧，其壁的最外层为黏液管，一般黏性较大，随着时间推移，蚓茧变硬，黏液管逐渐干燥而溃散。蚓茧对外界的不良环境有一定的抵抗能力，但抵御不良条件的能力是有限的。如温度过高，会使蚓茧内的蛋白质变性；温度过低，则会使蚓茧内的受精卵冻死；蚓茧长期被水淹没，会因透水膨胀而破裂死亡；如果过于干燥，则会使蚓茧失去水分而导致干瘪。

八 再生与交替性

1. 再生

绝大多数的蚯蚓具有很强的再生能力，当蚯蚓有机体的一部分损伤、脱落或被切截后便可重新生成，但蚯蚓的再生能力也因种类不同而有很大差异。一般常见的蚯蚓，其自身修复损伤和再生的能力较强。如一条蚯蚓断成两段，只要将伤口靠近，便可在 1 周内完全再接。当蚯蚓遭受损害，失去头侧或尾侧部分的体节后，均可再生，这是因为蚯蚓断节后伤口的肉芽组织中含有较多的肌纤维母细胞，其内有较多的肌动蛋白，而肌动蛋白可促进肉芽组织中肌纤维母细胞增生和伤口收缩。蚯蚓失去尾侧体节比失去头侧体节的再生能力更快，有的仅 1 周就可生成，但再生的体节数不会比原来失去的体节数多。

一部分低等的水栖蚯蚓，其再生能力较之高等的陆栖蚯蚓要高。如带丝蚓每个体节可再生一个新的个体，而陆栖正蚓科的种类，前端切去 4 个体节，可再生出 4 个体节；又如一种颤蚓，若切断 10 ~ 12 个体节，仅能再生出 3 个体节。通常，不同种类的蚯蚓同时切断超过身体前端或后端一定的体节部位，就不能再生出所失去的部分。如赤子爱胜蚓，在其前端第 25 ~ 26 节节间之后切断，失去的体节获得再生的机会很小，并且在形态上也有所变化，然而实际上蚯蚓的再生情况要复杂得多。试验证实，赤子爱胜蚓的成熟个体有 129 个体节，在前 6 个体节范围内，切除其中任何几个体节均可再生头部；若在第

25～26节范围内切断，则能在切面两端再生头部，即头部由切面前后两端再生形成，但这仅仅可能再生头端，而都不能形成尾端。在第18～34节区域的再生能力最强，既能再生头部，又可再生尾部，但是在切面两端的情况有所不同。一般情况下，切断蚓蚓的不同位置，不仅影响头、尾和体节数的再生，而且对其内部器官的再生也有较大的影响，但性器官很少再生。

试验证明，黄色细胞对再生很重要，当切去蚯蚓一部分后，有大量黄色细胞向伤口迁移。此外，有人认为温度也会影响蚯蚓的再生，所有种类的蚯蚓再生在夏季较快，一般适合的温度在18～25℃之间，比陆栖蚯蚓正常发育的温度还高。幼蚓比衰老的蚯蚓再生速度快。

【提示】 再生是蚯蚓对外界伤害的一种应激反应，在养殖蚯蚓时不要人为地把蚯蚓切成几段，让其再生。

2. 世代交替

许多水栖的蚯蚓，其生活史出现无性世代和有性世代相互交替的现象，即世代交替，这也是水栖蚯蚓长期适应外界环境的结果。如仙女虫科的蚯蚓，它们在整个夏季有较好的环境条件下，以无性生殖方式繁殖，到了秋季，它们才开始进行有性生殖。这时依靠蚓茧和受精卵卵裂所产生的外胚膜来保护胚胎免受低温、冰冻的伤害，到第二年开春温度上升，幼蚓从蚓茧内孵化出来，经过生长发育，到了夏季性成熟便开始新一轮的无性分裂生殖。但是，在自然界中很多陆栖蚯蚓仅存在有性生殖，一般情况下它们不进行无性生殖，所以陆栖蚯蚓没有世代交替现象。

——第三章——
蚯蚓养殖场的建造和养殖方式

第一节 建场前的准备工作

除家庭自养自足的之外，不管是小规模还是大规模养殖蚯蚓，在决定投资建场前应进行各种投资的调查工作，如场址选择、场地租金、建筑材料、设备用具、饲料、饲养管理人员开支及效益估算等，并根据自身具备的各种条件和资金的多少来决定养殖规模，做好资金的合理分配和有效利用，保证生产顺利及持续进行，否则资金跟不上而养殖无法进行，失去养殖信心是小事，投出的资金受损无法收回才是最大的损失。

一 资金和物力投资

1. 建场材料

蚯蚓养殖场的大棚，建造用的材料不同，投资金额也不同。露天情况下，采用稻草或薄膜遮盖蚓床的养殖方式投资成本相对小；采用石棉瓦 + 砖木相结合的养殖大棚，则投资成本相对大点；采用钢架 + 水泥柱 + 塑料布等建造的大棚，投资成本稍前两种大，但坚固，不易坏，维修成本较小。

【提示】 建场材料应该因地制宜，合理利用废旧材料，以降低成本。

2. 种源

不同区域的种蚯蚓的售价差异比较大，是一项较大的投资，因此在价格、质量及售后服务等方面应多进行比较再购买。当然，为防近亲繁殖，最好从不同地区的养殖场均购入些，而不是在一个场全部买完，除非供种单位做好了提纯复壮、优育种源的工作。

3. 饲料

小型的蚯蚓养殖场，其饲料消耗也相对要小，基本能从周边养牛的村庄里解决。但规模稍大的养殖场，单靠到周边猪、牛养殖户家收购显然不能保证蚯蚓饲料的供给，必须跟养牛场、酿酒厂、豆腐制作场等签订牛粪、酒糟、豆渣、木薯渣等的购销合同，以保证蚯蚓饲料的稳定供给。

4. 其他支出

其他支出包括水电、运输、用工、药品、场地租赁、工作管理房屋的建设及设备等方面的投资。

二 投资预算和效益估测

1. 投资预算

投资预算有利于资金筹集和准备，也是项目可否施行的依据，分为固定投资、流动资金和不可预见的费用3个方面的预算。

（1）固定投资预算 包括场地设计费、改造费、建筑费、设备费、安装费和运输费等方面的预算。可根据当地的土地租金、建筑面积、建筑材料类型、电力设备或是利用设备等的价格来大概预算固定资产的投资数额。

（2）流动资金预算 是指在产品上市前所需要的资金，包括引种、运输、饲料、药品、用工、水电等费用，可粗略预算数额。

（3）不可预见的费用预算 主要是考虑所采用的建筑材料和生产原料的涨价及其他不可预测的损失。

2. 效益估测

按照养殖场的规模大小，预算的引种、饲料、用工、运输、水电及其他费用，可估算出生产成本，并结合产品的销售量及产品上市时的估计售价，进行预期效益核算。

第二节 蚯蚓养殖场场址的选择和养殖工具

一 蚯蚓养殖场场址的选择

场址选择

选择场址时要考虑交通、污染、干扰、土壤、场地规模、蚯蚓的习性、排涝畅通、水的供应足缺、水质优劣及通风顺畅等环境因素。

（1）交通 进出养殖场的路不但要宽，而且路基要硬（保证90吨左右的大货车进出畅通无阻），既方便饲料的运输、蚯蚓种的出售、蚯蚓粪的销售运出，又方便更多的养殖户到场参观、学习、订购种苗，也方便各制药厂、肥料厂、种植户及鸡、鸭、水产养殖户到场订购商品蚓和蚯蚓肥等。

（2）污染 附近没有化工厂，土壤未受到污染。

（3）干扰 养殖场半径5千米范围内无采石场、半径2千米范围内无铁路、半径1千米范围内无高速公路及噪声较大的工厂，否则会对蚯蚓神经系统造成紊乱，致使其纷纷逃离。

（4）土壤 应为无污染、无黏土、低盐且酸碱度适中的松软腐殖质土壤。

（5）场地规模 要考虑初期的养殖规模有多大，后期想扩大时，周边是否还有场地可供扩展开。

（6）排涝 场地是否有坡度，平地排涝是否会受阻。

（7）水量 蚯蚓的养殖对水的需求量较大，特别是夏季，要考虑场地周边是否有水源、可否打井、是否方便安装自来水等。

（8）水质 场地附近的水源是否干净，地下水是否被污染。

（9）通风 场址是否在山凹地带，四周高山对养殖场的通风是否有影响等。

二 蚯蚓养殖的常用工具

蚯蚓养殖常用的工具有：斗车（用于装料投料、收蚯蚓、清粪打包等，多用手推式的，见图3-1）、密齿铁耙（用于采收蚯蚓，见图3-2）、疏齿铁耙（用于松蚯蚓床，见图3-3）、长柄扫把（用于清粪，见图3-4）、塑料铲（用于上料，见图3-5）、铁铲（用于投料，见图3-6）、铁耙（用于铺床、清粪，见图3-7）、0.8米高的铁架（用于打包蚯蚓粪，见图3-7）、温度计、湿度计（分为自记式、直观式）、喷雾器（喷水以调节蚯蚓床酸碱度）、节能灯泡（可以防蚯蚓外逃）、塑料盆（有不同规格，可以装饲料和采收的蚯蚓）等。

图3-1　斗车（手推式）

图3-2　密齿铁耙

图 3-3　疏齿铁耙

图 3-4　长柄扫把

图 3-5　塑料铲

图 3-6　铁铲

图 3-7　铁耙和 0.8 米高的铁架

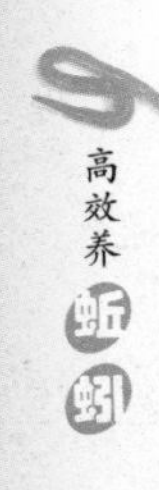

第三节　蚯蚓的养殖方式

蚯蚓的养殖方式多种多样，各养殖户应根据自己的养殖目的和养殖规模来决定。通常为解决鸟、鱼、龟等宠物饲料的家庭养殖，以及研究机构中作为研究性质的养殖，因无须出售和获得效益，均可采用塑料盆、塑料框、水池或 10 米^2 左右大的贮存蔬菜的地窖等方便操作的方式来养殖。想先进行试养，待有经验后再扩大养殖规模的，以及家庭养龟、鱼规模在 50～200 只的，可采用堆肥、林下、池、菜地等方式小范围养殖。而想商业化、获得高效益产出的则需大规模养殖，一般采用农田、立体、平地起垄和大棚等方式养殖。

一　塑料盆养殖法

塑料盆养殖法是指采用长 0.6～0.8 米、宽 0.4～0.5 米、高 0.3～0.35 米或长 0.8～1.0 米、宽 0.45～0.55 米、高 0.4～0.5 米的塑料盆进行饲养。将发酵好的基料浇水 3 次，停放 2 天后，再将基料放入塑料盆中均匀地铺开，基料高度与所用的塑料盆的高度差不多，然后放入少量的蚯蚓，第二天若无蚯蚓逃跑出来就再投放一些蚯蚓，投放量视塑料盆的大小而定，一般为 0.5～1.0 千克种苗，而后在基料表面投放饲料，再在饲料上用稻草、甘蔗叶或牧草秆薄薄地盖一层起保湿作用即可。每天查看 1～2 次，及时清除蚯蚓粪，湿度不够时用雾状喷壶喷水，不可直接将水浇上去，否则底部积水后会导致蚯蚓外逃。

【提示】 为防积水，可在塑料盆底部钻几个孔，再用 80 目（孔径约为 180 微米）的细网尼龙纱盖住孔，以防蚯蚓从底部外逃。若打的为细小孔，则无须用网纱盖住。

二　池式养殖法

有些研究机构和家庭有现成的水泥池，则可直接采用池式养殖方式，但池子必须有排水系统。若池子长度为 2.50 米、宽为 1.50 米、高为 1.30 米，则可在池内两边放置基料，中间留一条宽 0.3 米左右的走道，以方便走动加料、清粪、喷水等养殖操作。将发酵好的基料靠池两边堆放，宽0.6米，长度根据池子的长度而定，高为0.4米左右，同样是浇水2天后再放入少量蚯蚓种苗，目的是测试基料是否发酵完全，有无有害气体，待无蚯蚓逃跑现象出现再均匀投放种苗。宽0.6米、长2.50米的蚯蚓养殖基床，可投放种苗4～6千克。用室外无遮挡的池子养殖时，一是要注意防鸟、蛇、鼠类等天敌；二是要注意遮阳挡雨，若无挡雨设施，下大雨时池内排水系统不畅，最易短时内积水，造成蚯蚓全部外逃。若是在高温有大太阳的夏季，若无遮挡，太阳直射使基床容易失水，若不及时浇水，蚯蚓也会大量外逃，来不及外逃的也会因失水分或暴晒而死，这是池式养殖过程中特别要注意的细节。

三 林下养殖法

林下养殖法即在枣、柿子、苹果、樱桃等树下养殖，不得在针叶林下养殖，特别是松树林下。在距离树根半径0.4～1.2米的地方（距离远近根据树的大小而定），围着树挖一圈宽0.4～0.5米、深0.35～0.4米的沟，将发酵好的牛粪基料倒入沟内，再将蚯蚓种苗均匀地铺在基料面上，任其自由钻入，然后在基料上面按点式投放食物，烂菜叶、瓜果皮均可以。若是在行列整齐的林下养殖，可直接在离树根0.3米左右的地方铺一长垄养殖基床（宽0.5～0.8米，长度根据地形而定），投放好种苗后，在基料上按点式投放新鲜牛粪，再盖上塑料薄膜，薄膜只盖养殖基床的中间，两侧留出0.15米左右通气。林下养殖法的优点是管理粗放，不用花太多精力打理，蚯蚓粪可作为果树肥料的补充，减少肥料的投放，蚯蚓又可用来投喂鸡、鸭、鱼、龟等，一举两得。只要食物充足，果园泥土松软、酸碱度适中，就不会出现蚯蚓外逃的现象。

四 立体养殖法

立体养殖法即将蚯蚓养殖床用水泥板、木板、砖块、铁板等材料修建成立体式（彩图14），形成多层养殖床，层与层之间相距0.55～0.7米，方便投料、喷水、清粪即可，长度根据地形和方便操作而定，宽0.7～1.0米，立体架与架之间留出1.5～1.8米的通道，方便运料、运粪的推车出入及空气流通。基料铺设厚度为0.3米左右，投

放种苗后随时观察是否有外逃，浇水后注意察看有没有积水，并及时清理蚯蚓粪和补料。

五 平地养殖法

平地养殖法（图3-8）即在平地上或30度的斜坡上起垄养殖的一种方式。将地分成长35～45米、宽5米的长形地块，当然根据地形的不同可将地块分成不同的长、宽度，以方便操作来划分即可。再在地块两边对称地打下水泥柱子，水泥柱子高2.0米左右，用铝管焊接成弧形，再用蓝色的加厚塑料薄膜固定好，形成一个高2.8米左右的开放式大棚。地块之间相隔0.3～0.4米，为排水沟。在大棚的两边用发酵好的养殖基料各铺设一垄长38米左右（按地块长度而定）宽0.4米、高0.25米的养殖床，夏季早中晚各浇1次水，春季浇1次即可，连浇3天，待基料完全发酵好、无有害气体后将10千克左右蚯蚓均匀铺在上面，第二天下午若无出现蚯蚓逃离的现象，则可正式地投放种苗。38～45米长的一垄养殖床，可投放日本大平二号蚯蚓种苗60～90千克。

图3-8 平地养殖法

六 大棚养殖法

大棚养殖法即将蚯蚓养殖在可保温和加温的大棚里（图3-9、图3-10）。大棚的结构与保温的蔬菜大棚相似，在棚内根据地形有规则地起垄铺设养殖床，养殖床的长度根据地形而定，宽0.5米左右，高0.3米左右，操作与平地养殖法相差不大。采用大棚养殖法，受自然界气候变化的影响不大，但也必须做好控温和通风工作，给蚯蚓提供最舒适的生活环境。

夏季气候炎热，当白天太阳大、紫外线强时，可将大棚离地面1米左右高的塑料薄膜掀开，让空气对流，达到降温的效果，或是在大棚外加盖一层黑色的遮阳网，不定时地向棚顶喷水，都可起到降温的作用，尽量将棚内温度控制在28℃以下。

冬季气温降低，冷风直吹，此时节就需要做好保温、加温工作。在棚外加盖苇帘或草帘，太阳出来时将草帘拉开，使阳光直接照射大棚，棚内因薄膜的透光而温度升高，傍晚时分再将草帘拉上；或者在棚内增设炉灶，建烟筒或烟道进行加温；或者将养殖床基料加厚5～10厘米，再将草帘、稻草、塑料薄膜盖在养殖床上，均可起到保温的效果。整个冬季棚内和养殖床的温度与棚外相差7～12℃，蚯蚓就能继续采食。

图3-9 蚯蚓养殖大棚内部（用竹子搭建）

蚯蚓养殖大棚的建造要求

图 3-10　蚯蚓养殖大棚外观

养殖大棚的另一种规格为长 30～40 米、高 3.0 米、宽 5.0 米。在棚中留 1.2～1.5 米宽的过道，以便养殖操作；在棚两侧用砖砌或用泥土夯实 0.5 米高作为棚壁，防止蚯蚓外逃和外部天敌；在棚四周挖排水沟，以便雨季防止雨水倒灌和积水；在棚壁两侧设置通气孔。养殖大棚内的温度和湿度，由换气孔和喷水装置控制在所规定的范围内。把发酵好的基料铺设在养殖槽内，投种、补料即可。

七 农田养殖法

近年来种粮的农民越来越少，但仍有很多农田闲置。养殖户可以利用闲置的农田来养殖蚯蚓，不仅降低养殖成本，还可以改良土壤，使土地得到休养生息，促进农、林、牧各方面综合增产，取得较高的经济效益。一般可在农田内开挖宽 0.50 米、深 0.3 米的行间沟，铺上发酵好的基料，投入蚯蚓种苗，在基料上投放生鲜或是发酵好的饲料，再用稻草或秸秆渣覆盖，以起保湿、防晒、防雨作用。

另外，若在农田里进行规模化养殖，可将农田整平，不需要挖沟，直接用基料铺宽 1.0 米、高 0.5 米的蚯蚓床，在床两侧留宽 0.2～0.3米、深 0.25～0.35 米的排水沟，床与床之间留 1～1.5 米的走道，以方便操作，冬季可用稻草帘加盖以保温或防水。

第四章 蚯蚓的饲喂

第一节 蚯蚓的食物

一 蚯蚓的食物种类

在自然界中，蚯蚓主要以各种无毒、酸碱适宜、低盐、腐熟的有机物或肥沃的黑泥为食，特别喜食富含钙质的枯枝落叶等有机物，但对于带有苦味或是具有某种芳香味或油性的腐熟有机物则避而远之，如在松树林、杉树下难以见到蚯蚓的身影，在菜园、橘子园、木材厂、造纸厂、污水处理厂、糖厂等旁边潮湿的沟里可发现较多的蚯蚓。

不同种类的蚯蚓对各种食物的适口性和选食性有所不同。如目前人工养殖较多的日本大平二号蚯蚓在自然条件下喜欢吃腐烂的瓜果、新鲜的畜禽类粪便等。在人工养殖条件下，蚯蚓喜欢吃发酵好的畜禽类粪便、秸秆、木薯渣、酒糟、豆渣、豆粉、西瓜皮、哈密瓜皮、南瓜、甘薯、香蕉秆等（图4-1）。

不同的食物对蚯蚓的种群、数量、质量、抗病力、生长发育及繁殖影响较大。在菜园、瓜果田地、畜类养殖区及糖厂旁边，蚯蚓的数量较多，且个体大、活力强、反应敏捷，产茧量也多，而在木材加工厂、黑淤泥或造纸厂等附近，蚯蚓的数量、个体、产茧量则稍少些。

二 蚯蚓的食量

蚯蚓的食量大小因蚯蚓品种、生长阶段、饲料种类、饲料适口性、栖息环境的温度及湿度的不同而有所不同。蚯蚓的进食量，通常完全发酵且蓬松柔软的饲料比半发酵、粗硬的饲料大，酸碱度适宜的饲料比偏酸的饲料大，微甜的饲料比无甜味的饲料大。赤子爱胜蚓，孵化1天左右的幼蚓每天的进食量为其体重的10%左右，若蚓每天的进食量为的体重的25%左右，成蚓每天的进食量与其体重相当，而交配后的繁殖蚓的进食量比其体重稍大。因此，在人工养殖条件下，必须给蚯蚓提供营养全面且配制合理的饲料，才能提高产量，提高经济效益。

图4-1　待加工发酵的香蕉秆

三　蚯蚓人工养殖的饲料

人工养殖条件下投喂蚯蚓的饲料种类很多，主要有以下几类。

(1) 粪类　如牛粪、猪粪、马粪、羊粪、鸡粪、鸭粪及鸽子粪等。

(2) 植物类　如稻草、甜象草、木薯草、玉米秸、各类蔬菜梗（藤）、麦秸、树叶、木屑等。

(3) 垃圾类　如烂瓜果、烂蔬菜、剩余饭菜、各种畜禽鱼内脏等。

（4）农副产品废弃物类 如酒糟、甘蔗渣、豆渣、高粱渣、小麦渣、木薯渣、食用菌菌渣、废纸浆液等。

➲【提示】 养殖蚯蚓用的饲料一般要进行堆沤发酵处理，以免引起蚯蚓中毒或因适口性不好而浪费。

四 发酵料的配方

1. 发酵原料

粪料主要是牛粪（彩图 15）、猪粪、鸡粪、羊粪、马粪、鸭粪、鸽子粪及腐烂的瓜果、蔬菜等，草料主要是稻草、玉米秆、木薯秆、香蕉秆、甘蔗尾梢等农作物秸秆，以及甜象草、皇竹草、黑麦草等牧草，还有杂草、树叶等，其中以牛粪和秸秆类效果最佳，其次是羊粪，最后是猪粪和鸡粪等。

2. 配方

1）牛粪 100%。

2）牛粪 60%，豆粕 10%，甜象草 30%。

3）牛粪 50%，稻草 30%，酒糟 20%。

4）牛粪 55%，豆渣 20%，玉米秸秆 25%。

5）羊粪 20%，牛粪 40%，玉米秸秆 30%，麦麸 10%。

6）羊粪 50%，花生藤 40%，酒糟 10%。

7）鸽子粪 55%，甘蔗渣 45%。

8）食用菌菌渣 40%，粪料 50%，花生麸 10%。

9）猪粪 40%，玉米秸秆或甘薯藤 50%，酒糟 10%。

10）造纸污泥或黑泥 20%，稻谷壳 20%，甘蔗渣或稻草 20%，牛粪 30%，豆渣 10%。

五 饲料的配制要求

1. 幼蚓和种蚯蚓饲料的配制要求

由于幼蚓的消化系统比较脆弱，其砂囊筋肉质厚壁还没有完全形成，不具有磨碎食物的能力，因此对饲料的要求是细腻，经过严格发酵后柔软，无硬颗粒；蓬松不粘连，最好是粉状。而种蚯蚓担负着繁殖工作，其交配、受精卵及蚓茧的形成对蛋白质的需要要比平时稍多，进食量也大，饲料性状与和幼蚓的基本相同，即酸碱度适中、无其他异味、柔软、饲料多样化。

2. 若蚓及成蚓饲料的配制要求

若蚓及成蚓的消化系统和砂囊筋肉质厚壁均已发育成熟，配制的饲料相对幼蚓的饲料可粗放些，只要完全发酵且食物不剩，不会二次发酵产生有害气体，投喂后进食较快，余料不板结即可。

六 蚯蚓不同龄段的饲料配方

1. 幼蚓的饲料

1）牛粪60%，酒糟30%，豆粉10%。

2）牛粪50%，甘蔗渣30%，次面粉10%，豆渣10%。

【提示】 投喂幼蚓的饲料必须完全发酵、蓬松柔软，以粉状最好。

2. 若蚓的饲料

1）新鲜牛粪70%，豆渣30%。

2）羊粪20%，牛粪40%，甘蔗渣20%，酒糟20%。

3. 成蚓的饲料

1）牛粪50%，农作物秸秆40%，豆渣或酒糟10%。

2）新鲜牛粪100%。

3）猪粪60%，酒糟20%，食用菌菌渣20%。

4. 繁殖蚓的饲料

1）新鲜牛粪85%，木薯渣15%。

2）新鲜牛粪80%，豆粉20%。

3）牛粪55%，甜象草30%，麸皮或豆渣15%。

【提示】 养殖蚯蚓，应根据实际情况和现有条件来选择粪料和草料，以降低成本。粪料首选牛粪、羊粪、马粪，其次才是猪粪，草料首选甜象草和甘蔗渣。

第二节　蚯蚓饲料的准备

一　养殖床基料的制备

俗话说：兵马未动，粮草先行。养殖蚯蚓也一样，在场地、设施及生产工具快建好和准备好时，就要开始制备蚯蚓养殖的基料。第一次制备的养殖基料是否合格、是否获得蚯蚓的青睐，关系到蚯蚓养殖的成功与否，也关系到养殖者的养殖心态及信心。因此，制备蚯蚓养殖基料是养殖工作中的关键环节，也是养殖蚯蚓是否获得丰产、获得较高经济效益的关键因素之一。

1. 制备养殖基料的必要性

很多想养殖蚯蚓的朋友常问，为什么要制备蚯蚓的养殖基料，将畜类粪便加上草料拌好直接投蚯蚓种下去不是省事省力吗？平常野外的蚯蚓不也一样钻入地下活得好好的？但在人工养殖条件下，蚯蚓的养殖基料也是蚯蚓的饲料，饲养密度是野外的十几倍或几十倍，因为人工养殖的最终目的是得到较高的经济回报，所以在人工养殖条件下，蚯蚓的养殖基料必须经过制备。制备过的基料，一是能提高饲料的适口性和转换率，二是能提高蚯蚓交配、产茧、孵化及幼蚓成活率，三是能减少蚯蚓发病率。在牛粪、羊粪、鸡粪或鸽子粪等粪类中加入各种秸秆，如甘蔗渣、牧草、稻草，以及酒糟、豆粉等进行配制、堆沤发酵，这样的蚯蚓养殖基料和饲料，与不经制备发酵的饲料相比，发酵后各营养成分的比例自动调和，特别是氨氮比例会达到最佳状态，酸碱度也达到最佳，且制备过的饲料蓬松柔软、香甜，有害物质减少或被分解掉，减少了蛋白质中毒、酸中毒和基料板结造成的缺氧等方面的疾病。不管是幼蚓还是成蚓，适口性和饲料转换率都比不经制备的要好，同时也促进了蚯蚓的生长发育和繁殖。

2. 饲料制备的注意事项

（1）合理搭配营养　蚯蚓对饲料的处理和发酵要求不严格，凡无毒的动植物的有机物，如畜、禽及鸟类的粪便与稻草、麦秸、高粱秆、玉米秆、甘蔗渣、牧草秆、稻草，甚至是杂草、树叶、黑泥等有机垃圾等经过发酵腐熟处理，都可作为蚯蚓的养殖基料和饲料。但在

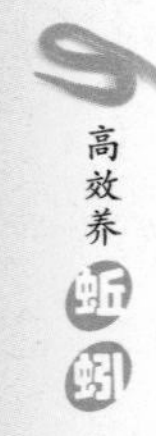

人工高密度养殖条件下，所制备的饲料，必须注意制备材料所含营养成分的比例，包括蛋白质、氨、氮、维生素及无机盐等，应相互平衡，以促进蚯蚓的生长发育和繁殖。

（2）剔除垃圾（图4-2）**和切碎秸秆** 蚯蚓的发酵料，既是基料又是添加饲料，基料是蚯蚓必需的，是其长期栖息和取食的基本饲料；添加饲料是为蚯蚓补充所消耗的基料，是在养殖蚯蚓时经常向饲育箱或床内投放、补充的饲料。无论是基料，还是添加饲料，在制备发酵前，都要先对制备材料进行筛选，剔除金属、玻璃、塑料、砖石或炉渣等垃圾，并将作物秸秆和粗大的有机废物切碎，再与畜禽粪便及木屑进行充分搅拌后方可进行发酵处理。通过对饲料的发酵来促进有机物分解、腐熟。

图4-2　剔除垃圾

（3）发酵物合理搭配 饲料发酵的难易及时间长短，与有机物的种类、水分含量和堆积方法有关。一般碳氮比例适宜和含氮较高的有机物比较容易发酵，且发酵的时间较短；多种物质混合容易发酵，单一物质较难发酵；水分适当、堆积疏松时容易发酵，过干及堆积过实则较难发酵；通常马粪等动物粪便比较容易发酵，稻草、麦秸及木屑较难发酵。这些难以发酵的物质可以和粪类、果皮等容易发酵的物质混合后再发酵。

（4）完全发酵 虽然蚯蚓对饲料的要求比较低，但集约化、大规模养殖时，制备的饲料必须完全发酵。蚯蚓饲料制备过程中最主要的一个环节是饲料有机物必须充分发酵腐熟，具有细、软、烂、蓬松、营养丰富、易于消化、适口性好等特点。如果投放未经发酵腐熟的饲料，蚯蚓不但拒食，而且会因时间的推移出现再次发酵，由此而产生高温和释放出大量有害的气体如氨气、甲烷等，引起蚯蚓大量死亡。禽畜粪便，如鸡粪、兔粪等，由于含有大量的蛋白质和氮，其情况尤为严重，更应充分发酵腐熟后再投放使用。

二 粪料的保存

1. 牛粪、猪粪等畜类粪料的保存

购买或收集回来的畜类粪料，在用不到的情况下，需要妥善地保存好，以防风吹雨淋使营养流失，降低饲料的适口性及营养。通常将收集回来的牛粪堆积到养殖场的一边（每个养殖场均应在场的最高处且无积水处设置专门存放备用料和发酵料的地方），可把粪料堆成锥形状或四方状，边堆边压实，再用厚塑料薄膜遮盖，四周用木板、石头或是砖块压紧，以防空气流通使粪料氧化变质。若是小规模的养殖场，可在发酵好一堆饲料后再去收集或购买粪料，待前面的发酵料吃完后，后面收回来的料刚发酵好，这样占用场地小、周转快、无须投入过多的资金。

2. 鸡粪、鸭粪、鸽子粪等禽和鸟类粪料的保存

禽、鸟类的食物以淀粉、蛋白质等类为主，所以纤维含量较少，易腐臭，而且易滋生蛆和细菌。因其粪料性质与畜类粪料的不同，所以此类粪料的保存也与畜类粪料的不同，购回后在还不用的情况下，应将粪料晒干或风干后，用袋子装好并扎好口，用时再倒出来与酒糟、甘蔗渣等一起发酵腐熟。

三 蚯蚓饲料发酵的流程

1. 原料发酵前的处理

1）将板结或成团的牛粪、猪粪等畜禽粪便敲碎。

2）将甘蔗尾梢或甘蔗叶、稻草、麦秸、玉米秸秆等植物类原料铡切成 2 厘米左右长。

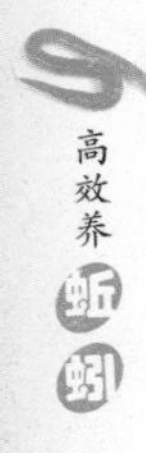

3）将小块石头、瓦砾、金属、玻璃、塑料等有害物质挑选出来。

2. 发酵的条件

（1）温度 温度对原料堆的分解发酵有重要影响。一般南方春季和冬季温度稍低，发酵的时间稍长，从堆沤到完全发酵好需要30天左右；而夏季和秋季，因气温较高，通常从堆沤到完全发酵好约15天即可。微生物适宜的生活温度为36℃左右，其中好氧微生物生活的最适温度为27℃左右，兼性好氧菌生活的最适温度为36.5℃左右，耐热微生物生活的最适温度为50℃左右。

（2）通气 在堆制发酵料时，必须注意堆内的通气，因为分解原料中的有机物主要依靠好氧微生物，有良好的通气环境、氧气供应充足，可促进好氧微生物的生长和繁殖，加快原料的分解和腐败。为了有利于原料堆的通气，在堆沤原料时要注意堆积疏密及浇水量。一般在原料堆的周边空气流动性好，分解发酵腐熟也较快，而在原料堆的中心部分，由于空气流动性差，产生的二氧化碳达到饱和，并且氧气极少，便不利于好氧微生物的生长和繁殖，中心部分的原料分解缓慢，往往不完全发酵或不分解，因此在发酵过程中最好翻堆1～2次，使空气流通，加速分解发酵。若不翻堆，就要发酵久些再进行投喂。冬季堆沤原料时，往往因温度较低，加之空气易于流通，导致原料堆的温度不易上升、发酵不完全、不易腐熟，因此在堆沤原料时应将原料堆踏实、喷灌水，以减少空气流通，调节发酵速度。

（3）含水量 在堆沤原料时，原料堆应保持湿润，要有适当的水分，因为通常微生物生长和繁殖喜欢松、湿的环境。速成堆沤原料堆发酵的最适含水量为70%左右，在配制时可以手握原料，其水分可呈点状滴下，或以木棍插入原料堆内，棍端湿润为宜。若是手握饲料水呈线状滴下来或无水滴下来，则会影响原料分解发酵的速度。一般原料堆里含水量在70%左右时，有利于好氧微生物的生长和繁殖，而不利于真菌和放线菌的生长和繁殖。原料堆的含水量在65%左右时，适于真菌和好氧性纤维分解菌的生长和繁殖；含水量在60%以下时有利于分解木质素的真菌活动；含水量为20%时，微生物的分解作用即停止。可见各种微生物的生长和繁殖是需要大量水分的。当原料堆沤发酵腐熟完成后，通常要补充水分，以防止料堆干燥而引起硝化作用，生成氨并挥发掉，但是腐熟后的料堆也不能补充水分过多，以免饲料的氨氮比例失衡而影响其营养价值及蚯蚓的生长发育。

（4）营养 在原料堆沤发酵时，要充分考虑发酵微生物所需要的营养。一般的混合型饲料原料都含有足够的碳、磷和钾素，而相对缺少微生物必需的氮素，所以要在原料堆中适当添加水溶性氮素，如硫酸铵、尿素等，一般添加量为0.2%左右。如果在原料堆中添加硫酸铁，则应另加等量的石灰，中和因有机物分解而产生的各种有机酸，这样更有利于营造微生物的生活环境。添加氢氧化钙时则不需另外加石灰来中和。添加尿素时，也无须另外加别的物质，因为尿素产生的酸性极其微弱，几乎对酸度无影响。硝酸盐类不适宜作为氮源来添加，因为其还原作用往往会损失掉许多氮素，经济上不合算。

【小资料】>>>>

发酵是指复杂的大分子有机化合物在微生物的作用下分解成比较简单的小分子物质的过程。用发酵好的饲料喂养蚯蚓，有利于蚯蚓的消化吸收。

（5）酸碱度 微生物对酸碱度反应十分敏感，因此过酸或过碱对发酵均不利。适合发酵微生物的pH一般为6.0~7.5，过酸可添加适量石灰，过碱可用醋水淋洗。

3. 蚯蚓饲料的堆制发酵

（1）预先淋水 将草料淋湿直至湿透，预先堆放1天，干粪料同时浇水直至湿透，预先堆放1天。

（2）堆料 先在地面上按长3~5米、宽2~3米铺一层厚约10厘米的湿草料，接着铺一层厚6~10厘米的湿粪料；然后再铺一层厚约6厘米的草料、8厘米厚的湿粪料。这样一层草料、一层粪料交替铺放，直到铺完为止。堆料时，边堆料边分层浇水，下层少浇，上层多浇，直到堆底渗出水为止。堆料时应用铲子轻拍打稍压实，但不可太实，料堆高度宜为0.5~1.2米。料堆成梯形、龟背形或圆锥形，最后用塑料薄膜覆盖好，堆底四周用厚实的木板、石块、砖块或木头压实，目的是减少空气流通，防止粪料、草料霉变和滋生细菌，同时保证发酵所需的温度和湿度。

【提示】 若是用粪料直接与酒糟或豆渣发酵，先将两样原料均匀地搅拌好再堆沤发酵即可，无须像与草料一样交替叠放发酵。

（3）翻料堆 在堆制后第二天，料堆内的温度开始上升，1周后堆内温度可达65℃左右。待温度开始下降时，要翻堆进行第二次发酵。翻堆时要求把底部的料翻到上部，边缘的料翻到中间，中间的料翻到边缘，同时搅拌均匀，适当淋一些水，让其干湿均匀。一般翻堆3次左右即可。

【提示】 ①翻堆会消耗大量的人力，但在堆底四周被压实而无透气和塑料薄膜无孔的情况下，无须进行翻堆。②冬季应在背风处堆沤发酵。③发酵过程中若有塌陷的地方，要及时整好并压实，期间查看发酵腐熟情况即可（图4-3），通常夏天发酵时间在15天左右，冬季稍长，在30天左右。

图4-3　查看料堆的发酵情况

四 发酵料投喂前的判定及处理

1. 判定发酵料腐熟的标准

一般蚯蚓饲料发酵需15～30天，在投喂前就要检查是否完全发酵腐熟。从不同的地方，即浅层和深层用小细铲（或用竹子做一个）取出发酵料来鉴别。

（1）气味 用鼻子嗅发酵好的饲料，无臭味、无酒味，有淡淡的酸甜味和清香味。

（2）颜色 完全腐熟的发酵料呈茶褐色。但不同的原料完全发酵腐熟后的颜色也有所不同，如牛粪与酒糟的颜色为棕色。

（3）手感 用手抓感觉柔软、蓬松、有弹性，植物茎秆经轻轻一拉或轻揉即断。

2. 发酵料的处理

（1）酸碱度 投喂前要检测发酵料的酸碱度，一般pH为6.5～7.0都可使用。过酸可用石灰水喷洒调节，若是过碱则可用食醋水喷淋调节。

（2）含水量 检查发酵料的含水量，即用手抓一把发酵料挤捏，指缝间有水滴出现，则湿度为70%左右，宜投喂；若无水出现或单单手指缝间有湿润感，则湿度不够，应浇水调节；若指缝间水呈线状往下流，则湿度过大，不宜投喂，应打开遮挡物让其蒸发掉部分水分至适宜后再进行投喂，或是拌点湿度偏小的新鲜牛粪或豆渣进行调节后再投喂。

发酵料投喂前的处理

（3）除毒气 用发酵料来铺设蚓床时，在投放蚯蚓前必须对蚓床浇水4～6次，以防发酵料进行二次发酵产生有害气体、无机盐类和农药等有害物质。

3. 用发酵料试喂蚯蚓

发酵料若是直接用于投喂蚯蚓，应在投喂前充分拌匀，并在蚓床首尾两端进行少量试喂，经24小时若无蚯蚓逃离或出现异常反应，即可大量正式投喂，投喂时也是薄薄地撒一层在蚓床上。若试喂时蚯蚓出现逃离或异常，说明发酵料腐熟不完全，或酸碱度不适，要找出

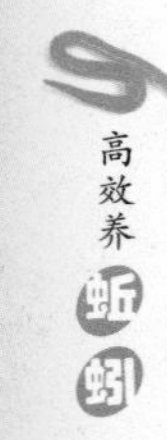

原因对症解决。

4. 饲料厚度

一般刚发酵好的饲料，投喂时的饲料厚度在 2 厘米左右；采用点状投喂时，饲料厚度可在 5 厘米左右。

第三节 蚯蚓饲料的投喂方法

蚯蚓饲料的投喂法有很多种，如上层投喂法、点状投喂法、混合投喂法、开沟投喂法、分层投喂法等。应根据养殖的目的、要求、养殖规模和养殖方式，采取合适的投喂方法。

一 上层投喂法

上层投喂法是目前各养殖场采用最多的，即将饲料投放于蚓床表面，当观察到养殖床的饲料剩余 1/3 时，即可在上面投喂一层厚 2 厘米左右的新饲料，让其从下往上取食。这种投喂方法便于观察蚯蚓进食的情况，并且投料方便、快速，蚯蚓的进食量、饲料的剩余量和饲料是否变质一览无遗。虽然新饲料中的水分会逐渐下渗，位于下方的旧饲料和蚓粪中的水分较多，基料容易板结，但蚯蚓不易因毒气而中毒，且省工省力。

二 点状投喂法

点状投喂法是将饲料弄成一小团投放于养殖床表面，团与团之间相隔 5 ~ 8 厘米，当观察到养殖床表面的团状饲料剩余 1/4 时，再在空隙处投放团状饲料，让蚯蚓由下往上取食。这种投喂方法的优点，一是便于观察蚯蚓进食的情况、饲料质量和蚯蚓的生长情况，二是避免蚯蚓中毒、缺氧，方便幼蚓进食。该方法特别适合投喂未经发酵的料，如新鲜牛粪、木薯渣、豆渣等，但费时费力。若是完全发酵好的饲料，不建议采用该方法投喂。

三 混合投喂法和开沟投喂法

混合投喂法是将饲料和土壤混合在一起投喂。这种投喂方法，大多适用于农田、园林花卉园养殖蚯蚓，一般在春耕时结合给农田施底肥、耕翻绿肥，初夏时结合追肥及秋收秋耕等施肥时投喂。这样可以节省劳力。另外，可采取在农田行间、垄沟开沟投喂饲料，然后覆土。在农田中耕松土或追肥时投喂饲料，也可以收到较好的效果。

四 分层投喂法

该方法包括投喂底层的基料和上层的添加饲料。为了保证一次饲养成功，对于初次养殖蚯蚓的人来说，可先在饲养箱或养殖床上放20厘米厚的基料，然后在饲养箱或养殖床一侧，从上到下去掉3~5厘米厚的基料，再在去掉的地方放入松软的菜地的泥土。初养者若把蚓蚓投放在泥土中，浇洒水后，蚯蚓便会很快钻入松软的泥土中生活，如果投喂的基料良好，则蚯蚓会迅速出现在基料中；如果基料不适合蚯蚓的要求，蚯蚓便可在缓冲的泥土中生活，觅食时才钻进基料中，这样可以避免不必要的损失。基料消耗后，可加喂饲料，也可采取上层投喂、点状投喂和混合投喂等方法，各种方法各有其优缺点。

五 下层投喂法

该方法是将发酵好的饲料投放在养殖床内6~8厘米处，即把饲料投在养殖床中间表面，然后把两侧的旧饲料覆盖在新的饲料上。采用这种方法投喂蚯蚓，有利于产于旧有饲料和蚓粪中的蚓茧孵化，而且由于新的饲料投在下层，蚯蚓都被引诱到下层的新饲料中，这样很便于蚓粪的清除。不过这种投喂方法也因旧饲料不及时清除，而蚯蚓取食新添加的饲料情况又无法观察到，常造成饲料的浪费，还容易造成余料变质产生二次发酵、基料板结和缺氧等缺点，且工作量大，产于养殖床两侧的蚓茧也因暴露于养殖床表面而失水造成孵化率降低。

无论采用哪种投喂方式，发酵料一定要完全腐熟，绝不能夹杂其他对蚯蚓有害的物质。应因地制宜，根据养殖方式、规模大小、不同的养殖目的选择合适的方法投喂饲料，以达到省料、省力、省时的目的，从而提高经济效益。

——第五章——
蚯蚓的生命周期及繁殖

第一节　蚯蚓的生命周期

在没有疾病、灾害及天敌侵袭的情况下，蚯蚓的平均寿命一般为3~10年，日本大平二号蚯蚓的平均寿命一般为2~3年，从蚓茧孵化出来到生长发育，再达到性成熟，需要经历3个多月的时间，8个月后进入繁殖高峰期，18个月后环带消失，进入衰老期。

人工饲养条件下的日本大平二号蚯蚓，其生命周期的长短与饲养温度、密度、基料、饲料及湿度等环境因素密切相关，蚯蚓从蚓茧产下开始，经过孵化期、幼蚓期、若蚓期、成蚓期，直至出现环带并开始产茧，既而进入衰老期。

在适宜的环境及有适口且营养均衡的食物条件下，其生长可通过不断地使体节增加和增大的方式进行，蚓茧从产出到孵化出幼蚓需要10~15天，幼蚓期约为35天，若蚓期约为45天，从幼蚓生长发育成为成蚓，则需要约110天以上，200天后进入繁殖产茧高峰期，500天后环带慢慢消退，体重逐渐减轻，直至环带彻底消失，即进入衰老期和死亡期。

在人工养殖状态下，蚯蚓个体的寿命远远长于自然环境下生存的蚯蚓。但蚯蚓的生长发育和寿命与人为提供的温度、湿度及所投喂的饲料等因素有着密切的关系，也决定着所养殖的蚯蚓种类的寿命及其各阶段的生长发育所需要的时间长短。不同种类的蚯蚓，其平均寿命及生长发育至成熟期的时间均有所不同。当然，进入衰老期的蚯蚓已失去经济价值，应及时分离、淘汰。

> ➡ 【提示】 环带又叫作生殖带，这里有雌雄生殖系统的开口，因此在生产操作中不要损伤环带，以免影响繁殖。

第二节 蚯蚓的繁殖

一 蚯蚓的性成熟

蚯蚓为雌雄同体、异体受精动物。一般4月龄左右的蚯蚓便开始出现乳白色或粉白色的环带，环带的形成标志着性成熟。随后是蚯蚓的雄孔、雌孔和受精囊孔的发育成熟。一般雄孔有1～2对，位于第20节；雌孔有1个或1对（不同品种的蚯蚓雌孔数不同），位于第15节；受精囊孔有2～3对，在最前端，靠近口。

二 蚯蚓的交配及受精

蚯蚓为雌雄同体，但交配方式为异体交配（彩图16）。即把精子输送到对方的受精囊内暂时贮存起来，为尔后的受精做准备。

蚯蚓在交配时，两条蚯蚓身体呈前后倒置，腹面相贴，一条蚯蚓的环带区域正对着另一条蚯蚓的受精囊孔区域，环带的前端与另一条蚯蚓的雄孔区正对应。环带区所分泌的黏液可将两者黏附在一起，并且在环带之间有2条细长的黏液管，将两者互相缠绕，两条蚯蚓相互贴近的腹面凹陷。此时具有明显的两纵行精液沟，交配时精液沟的拱状肌因有节奏地收缩，从雄孔排出的精液向后输送到自身的环带区，并进入到另一条蚯蚓的受精囊内。两条蚯蚓相互受精完成后，则从相反方向各自后退，退出缠绕的黏液管，直到两个体完全脱离接触。这样的交配过程需0.5～1小时。在自然界中，通常赤子爱胜蚓多在初夏和秋季夜晚时分，在含有丰富有机物的堆肥处交配，然而人工养殖的蚯蚓，只要条件适宜，一年四季均可交配繁殖，但也是春末和初秋为交配高峰期。

正在交配的蚯蚓

在交配过程中，卵从蚯蚓的雌孔中排出体外，但蚯蚓的卵细胞没有任何运动器，只能被动地排出，也就是存在于卵囊或体腔液内的

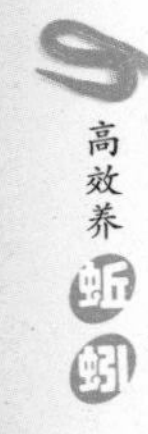

卵，依靠蚯蚓的卵漏斗和输卵管上纤毛的摆动，使其经雌孔排出体外。

雏形蚓茧途经受精囊孔时，先前交配时所贮存的异体精液就排入雏形蚓茧内，从而完成了受精过程。精子具有纤毛状的尾部，可行游泳运动，与悬浮的卵相遇而受精。

蚯蚓产生蚓茧是由蚓体环带区分泌蚓茧膜和细长的黏液管开始，经排卵到雏形蚓茧从体前端脱落，蚓茧前后封口为止。大多数种类的蚯蚓在生产蚓茧的过程中即开始了受精，有的蚯蚓是在交配结束后，利用交配时环带区分泌的细长黏液管便形成了蚓茧（彩图17）而受精。

三 蚓茧的形成及形态

从环带区开始分泌蚓茧膜及其外面细长的黏液管开始，经排卵到雏形蚓茧从蚓体最前端脱落、蚓茧前后封口止，是蚯蚓茧形成的全过程，蚓茧内除含有卵子外，还有精子及供胚胎发育用的蛋白液。

蚓茧构造分为3层：最外层为蚓茧壁，由交织纤维组成；中层为交织的单纤维；内层为浅黄色的均质。刚产出的蚓茧，其最外层为黏液管，质地较软，一般黏性较大，随后逐渐干燥而变硬，黏液管的内面为蚓茧膜，此膜较坚韧，富有一定的保水和透气能力。蚓茧膜内形成囊腔，并有似鸡蛋蛋清的营养物质充斥着，卵、精子或受精卵悬浮其中，此液的颜色、浓稠程度也常因蚯蚓种类、食物营养和所处的环境不同而有所差异。蚓茧对外界的不良环境有一定的抵抗能力，但其抵抗能力是有限的，如温度过高会使蚓茧内的蛋白质变性。

蚓茧的情况及孵化最佳温度

蚓茧的颜色、形状、大小、含卵量及生产量常受蚯蚓种类、栖息地、温度、湿度、食物和酸碱度的不同而有所不同。

1. 蚓茧的颜色

蚓茧的颜色一般随着蚓茧产出后时间的推移而逐渐改变，刚产出的蚓茧多为奶白色、浅黄色，逐渐变成黄色、浅棕色，孵化时跟蚯蚓的体色相同，孵化完后变成深棕色或暗褐色。

2. 蚓茧的形状

蚓茧的形状也因蚯蚓的种类不同而有所差异，通常多为球形、椭圆形，有的为袋状、花瓶状或纺锤状，少数为细长的纤维状或管状。蚓茧的端部较突出，有的成簇状、茎状、圆锥状或伞状。

3. 蚓茧的大小

蚓茧的大小与蚓体宽一般成正相关，不同种类的蚯蚓，其蚓茧的大小差别较大。赤子爱胜蚓的蚓茧一般长3.0～5.2毫米、宽2.8～3.5毫米。

4. 蚓茧的含卵量

不同种类的蚯蚓，蚓茧含卵量不同。有的仅含1个卵，有的含多个卵，如赤子爱胜蚓，一般含3～12个卵。

5. 蚓茧的生产量

蚓茧的年生产量依种类、个体发育状况、温湿度、食物等因素的影响而变化。野生蚯蚓的蚓茧生产有明显的季节性。处于不利环境时（干燥、高温等）可能在短期内不生产蚓茧。栖息于土壤表层（如爱胜蚓）的一些蚯蚓，其蚓茧生产量往往比穴居土壤深处（如环毛蚓）的要多些。在人工饲养的良好条件下，蚯蚓可全年生产蚓茧，特别是在20～24℃条件下，蚓茧的产量和大小均是最佳的。

四 胚胎的发育

胚胎的发育是指受精卵经卵裂、胚层发育和器官发育成为与成蚓的形态结构特征相差不大的幼蚓，并破茧而出的整个发育过程。

胚胎的发育先是受精卵经过卵裂后，形成多个细胞，既而进入囊胚期进行胚层的分化，形成原肠胚，最后进入器官发生阶段。不同的胚层会形成不同的器官和系统，一般由外胚层逐渐分化形成环胚层、体壁上皮、刚毛囊、腹神经索、感觉器官、口腔、咽、雄性生殖管道端、内壁上皮等，由内胚层逐渐分化形成消化系统，由中胚层慢慢形成纵肌层、体腔上皮、心脏、血管和生殖腺等。胚胎发育完成后，幼蚓从蚓茧中钻出即结束胚胎发育。

蚯蚓胚胎发育的过程也是蚓茧孵化的过程，孵化所需时间及每个蚓茧孵出的幼蚓数，均受养殖床基料的温度、湿度、氧气、酸碱度的

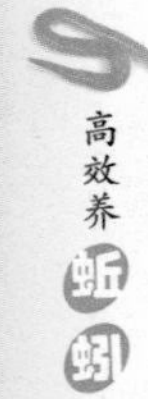

影响而有所不同。

五 胚后发育

胚后发育是指幼蚓由蚓茧中孵化出来，其构造和机能从简单到复杂，以及体重、体积、体节的增加和变化的过程，即经生长发育、性成熟、交配产茧直至衰老死亡的过程。蚯蚓的生长发育曲线呈“S”形。即幼蚓在达到性成熟前，体长、体重都急剧增加，性成熟（环带出现）到衰老开始（环带消失）前这一阶段，体重增加不多，但生殖能力很强。一旦环带消失，体重渐减。

第三节 蚯蚓繁殖的影响因素

蚯蚓为无脊椎动物，属于变温动物，心脏不完善，没有调温机制，蚯蚓的生活随环境温度的变化而改变。因此，蚯蚓的生长繁殖受环境温度、湿度、养殖基料的酸碱度、饲料、养殖密度、季节变化和疾病等因素的影响。

一 温度

1. 温度对蚓茧孵化的影响

蚓茧孵化的最佳温度为22～24℃，在此温度段里的蚓茧的孵化时间为11天左右，孵化出的幼蚓数量也是最多的，一般在7条以上，并且幼蚓的个体及抗病力也是最佳的。当温度低于20℃时，蚓茧的孵化时间推迟，一般在13天左右；当温度低于13℃时，蚓茧的孵化时间为15天左右，孵化的数量一般在4条左右或更少；当温度高于25℃时，蚓茧的孵化时间为10天左右，孵化的数量在5条左右；当温度高于30℃时，蚓茧的孵化时间在8天左右，但孵化的数量最少，一般在4条左右，有的只孵化出1条，或是孵化不出，幼蚓的抗病力稍差。

2. 温度对幼蚓及若蚓的影响

最适宜幼蚓及若蚓生长发育的温度为23～24℃，此温度段的幼蚓和若蚓生长发育较好，各器官均衡发育，进食量也较好，80天左右达到性成熟。若温度低于18℃，不管是幼蚓还是若蚓，其进食量稍减少，100 天左右才达到性成熟；若温度低于 8℃时，则进入冬眠状态；当温度低于 2℃时，不管是幼蚓、若蚓还是成年蚓，均会出现萎缩现象。若温度在 30℃以上时，若蚓的进食量减少，或不进食，进入夏眠状态；若温度高于 38℃时，蚯蚓出现大量死亡。

3. 温度对繁殖蚓产茧的影响

适宜的温度是蚯蚓繁殖率高的必要条件，不同的温度对繁殖蚓产茧的影响较大，不同种类的蚯蚓繁殖的最佳温度也有所不同。最适宜日本大平二号蚯蚓繁殖的温度为 21～24℃，此温度范围内的繁殖蚓不管是交配还是生产蚓茧都是最多的，一般 1 条繁殖蚓年产茧量在 20 个以上。当温度低于 18℃时，交配量减少，产茧量也减少，一般年产茧量在 18 个以下。当温度低于 10℃或高于 30℃时，交配减少或不交配，产茧量也在减少，一般产茧量为 1 个左右，或不产茧。1 年之中，一般南方在 9 月中旬为交配产茧高峰期，北方则在 8 月下旬和 9 月初为交配产茧高峰期。

二 湿度

1. 湿度对蚯蚓生长的影响

人工养殖条件下，养殖基料的湿度大小对蚯蚓的生长有着重要的影响。若环境湿度过大，基床的湿度在 70% 以上，蚯蚓体表的换气孔会因水分过大被堵塞而出现呼吸困难，进而出现缺氧导致逃跑或死亡。若湿度过低，养殖基床的湿度低于 60%，蚓体容易失水，也会出现外逃和患萎缩病。

2. 湿度对蚓茧的影响

适宜蚓茧孵化的湿度为 68% 左右。若基床湿度过大，在 72% 以上，蚓茧表面的呼吸孔被堵塞而无法呼吸，导致缺氧、胚胎无法发育，整个蚓茧直接变成黑色，或蚓茧因水分高而直接爆裂。若基床湿度在 60% 以下，蚓茧因水分不足而干瘪，胚胎也无法发育，繁殖率均会降低。

3. 湿度对繁殖蚓的影响

养殖基料的湿度大小对不同种类蚯蚓的交配及产茧量也有重要的影响。若环境过于干燥，湿度低于 60%，蚯蚓体表将因失水而出现萎缩、外逃或死亡，更无心交配和产茧。若环境湿度超过 70%，赤子爱胜蚓会因水分过大而出现蚓体换气孔被堵塞导致呼吸不畅、缺氧而逃离蚓床，或因缺氧及蚓体爆裂而死亡，更无暇顾及交配及产茧。当然，不同种类的蚯蚓对环境湿度的要求也有所不同，养殖户应根据自己养殖的种类习性来调整养殖基料的湿度大小。

三 饲料

食物也是影响蚯蚓生长发育及繁殖的一个长期、关键的因素之一。养殖基料及投喂的饲料若发酵不完全，会进行二次发酵，产生有害毒气，导致蚯蚓逃离或死亡，其生长发育和繁殖自然受到抑制。饲料的氨氮比失衡会导致蚯蚓蛋白质中毒，投喂不足或投喂方式不对，会造成蚯蚓取食不足和蚓床通气性差而缺氧，或投喂的饲料单一，或投喂的饲料淀粉含量过多，或饲料含有某种毒素，均可影响蚯蚓的生长发育、交配及产茧量。因此，为提高蚯蚓的繁殖率和幼蚓的抗病力，在蚯蚓的繁殖高峰期及幼蚓孵化期，应提供多样化且营养丰富的食物，如用豆渣、豆粉等含蛋白质稍多的饲料轮换着拌新鲜牛粪后再投喂。

四 酸碱度

蚓床 pH 调节方法

养殖基料和投喂的饲料，其酸碱度的大小也是影响蚯蚓生长发育和繁殖的因素之一。蚯蚓对生活环境的酸碱度较敏感，因为蚯蚓体表各部分散布着对酸、碱等有感受能力的器官。蚯蚓在强酸、强碱的环境里不能生存，但对弱酸、弱碱环境有一定的适应能力，适宜的酸碱环境能促进蚯蚓的生长发育，提高繁殖率。若养殖基料和投喂的饲料 pH 在 6 以下，在这样的环境中容易引发蚯蚓外逃或胃酸超标而出现萎缩及死亡；若 pH 在 7.5 以上，即碱性过大，则易诱发蚯蚓水肿等疾病，生长发育、交配和产茧均会受到抑制或下降。最适宜蚯蚓生活的 pH 为 6.5 ~7.0，此条件下的蚯蚓生长发育、交配和产茧均达到最高值。

五 密度

蚯蚓养殖密度的大小也是影响蚯蚓生长发育和繁殖的关键因素之

一。若养殖密度过大，蚯蚓的活动空间就小，体弱和幼小的蚯蚓吃不到食物，生长发育必会受到抑制，而成蚓也会因密度大导致交配失败或交配不完全，产茧量自然下降，加之密度大排泄物自然就多，若不及时清理，基料就很容易板结，造成养殖床及蚯蚓缺氧，蚯蚓的抗病力、生长发育、体重及繁殖率均会下降。若养殖密度过小，虽有利于蚯蚓的生长发育，但不利于蚯蚓的交配，交配率会降低，产茧量自然下降，从场地利用及经济效益方面来看也不划算。

六 季节

季节的变化也就是温度的变化，对蚯蚓的活动、生长发育及繁殖有重要的影响。春季湿度大、温差大，基料容易板结、透气性差，直接导致蚯蚓因缺氧而出现外逃或死亡；春季也是细菌繁殖旺盛期，是蚯蚓易患细菌性疾病的高峰期，对其生长、交配及产茧均有不可忽视的影响，交配减少或不交配，产茧量下降，或产劣质蚓茧。夏季温度过高、空气干燥，养殖床基料水分容易蒸发，容易因缺水而出现蚯蚓外逃或死亡，刚孵化出的幼蚓因温度过高而出现不适，直接导致抗病力下降，繁殖期的蚯蚓交配和产茧量也减少。秋末因温度适中而出现交配和产茧高峰期，孵化率也高，幼蚓的成活率及抗病力均高。冬季因温度下降，蚯蚓新陈代谢较慢，生长发育的速度也随之放慢，当然蚯蚓的交配和产茧量也在减少。

天气、饲料对幼蚓的影响

第六章 蚯蚓的人工繁育技术

第一节　蚯蚓的引种

一 引种时间

一般一年四季均可引入种蚯蚓，但每年的3月下旬和9月中旬是蚯蚓的繁殖高峰期，因此，蚯蚓的最佳引种时间为3月初和8月底。一是此时段的温度适中，3月初温度不算很低，8月下旬温度比中旬有所下降，天气也较中旬凉爽些，有利于运输。二是引种回来后，经过半个月的时间，蚯蚓的应激反应期已过，对新环境也适应，加之温度适宜，蚯蚓很快就会进行交配和产茧，也为养殖户节省不少的饲料和人力物力。

二 引种途径

目前引入种蚯蚓的途径有两个，一个是直接从蚯蚓养殖场引入，另一个直接从野外采集。采用哪种方式应根据自己的养殖规模和养殖目的来决定。一般进行规模化的养殖和科研单位用于研究性的养殖都是直接到具有一定养殖规模且做好优育的蚯蚓养殖场引入，可避免近亲繁殖，并有养殖经验的借鉴和养殖技术的跟踪服务。若只是少量养殖作为家里饲养的龟、鸡、鸭和鸟等食物添加料为目的的，可从野外采集回来进行人工选育和繁殖。

避免蚯蚓近亲繁殖的措施

三 引种前的准备工作

不管是准备进行蚯蚓规模化养殖的场、研究单位，还是个人小范围养殖，在引种前均应做好以下准备工作。

1. 技术的准备

在考察蚯蚓用途、各地养殖情况、市场饱和度和市场价格等因素后下定决心要养殖蚯蚓时，接下来就是要了解和学习蚯蚓的养殖技术。一般蚯蚓的养殖技术可以从养殖专业书籍、报纸杂志、养殖技术培训班和实践中不断探索学习，若是进行规模化养殖的朋友，应多参观考察供种的蚯蚓场，选择蚓种质量好、价格实惠、服务好、能够提供后续技术指导和跟踪且离自己场地较近的蚯蚓场进行引种，并到该场实地操作学习一段时间后再进行场地建设和引种（图 6-1），或建场地的同时派技术员到该场实践学习，平常也要向具有丰富饲养技术的技术人员学习。

图 6-1　养殖户在现场学习

2. 场地设施及养殖基料的准备

在确定养殖蚯蚓后，接下来的工作就是要选好养殖场地，整地，准备各种建筑材料，建好场地，搭建好养殖大棚，做好防逃、防水浸、防敌害等设施（图 6-2），并买好斗车、铲、耙、扫把等各类生产工具，以及养殖饲料和基料，待发酵好后铺设好蚓床（图 6-3），每天浇水 2～3 次，待浇水 6 次且无有害气体或无第二次发酵后便可引种。

图6-2　防逃薄膜（30厘米高）和防水沟（30厘米深）

图6-3　铺设好蚓床

四 引入品种

蚯蚓的品种较多，养殖户应根据自己养殖的目的来选择养殖品种，才能收到预期的养殖效益。目前全国养殖较多的品种为日本大平二号蚯蚓，多用于改良土壤，提取蛋白、蚓激酶，生产蚯蚓有机粪，该品种繁殖快、抗病力强。若是仅作为药用干品出售，则可养殖参环毛蚓，又称为广地龙。若是作为鱼、虾、龟、蛙等水产类动物的饲料，则可养殖湖北环毛蚓，该品种喜欢生活在湿度较大的环境中，在水中的存活时间较长，对养殖水污染稍小。若是仅为果树或蔬菜地增加有机肥，疏松、改良土壤，则可养殖日本大平二号蚯蚓、威廉环毛蚓和白茎环毛蚓。

五 野生种蚯蚓的采集

1. 采集时间和时机

1 年之中除了冬季，其他时间均可从野外采集种蚯蚓，但由于我国南北温差较大，因此，各区域最佳的采集时间也不尽相同。通常南方 3 月初温度开始上升至 20℃ 以上，9 月初天气转凉爽，所以南方 3 月及 9 月是野外蚯蚓的最佳采集时间，也是临近蚯蚓交配产茧高峰期的时间。而北方由于温度回暖较晚，一般最佳的野外采集时间为每年的 4 月下旬和 8 月下旬。阴雨天是采集的最佳时机。

2. 野外蚯蚓的采集方法

野外采集蚯蚓的方法较多，常用的有茶麸水驱法和食物诱捕法，也是利用蚯蚓的生存习性和食性进行。

（1）茶麸水驱法 将茶麸浸入水中一夜，第二天拿到野外土壤肥沃的树下或田间或菜园，选择蚓粪较多的地方泼洒茶麸水，同一个地方，反复多泼洒几次，一般半小时左右蚯蚓便会爬出来，直接采收即可。

（2）食物诱捕法

1）甜食诱捕。下午在野外选择蚯蚓多的地方（该位置有很多宝塔状蚯蚓粪便），将土壤挖深约 8 厘米，放入西瓜皮、哈密瓜皮或煮熟的南瓜等，然后再盖上土，第二天翻开土壤果皮即可直接采收蚯蚓。

2）饲料诱捕。选择好场地，即土壤松软且肥沃的树下、菜园等肉眼能见到较多蚯蚓粪的地方，用疏齿铁耙试挖几下，若发现蚯蚓数量在 8 条以上，即可在此有规律地开挖几条宽 25 厘米、深约 15 厘米的沟，长按地形而定，并将完全发酵好且 pH 为 6.5 ~ 7.0、湿度为

70%左右的饲料，或新鲜的牛粪、豆渣、猪粪拌酒糟、用水浸泡20天以上的木薯渣、豆粉等蚯蚓爱吃的食物均匀地撒入沟中，厚度为沟深，无须加盖泥土，可加盖薄薄一层稻草。待第二天天黑前翻料查看，若发现有蚯蚓，便用小铁耙翻出采收即可，然后再对饲料进行1次雾状式浇水，使饲料的湿度保持在70%左右，这样可反复采收几次，直到采收完为止。

六 引种的注意事项

1. 种蚯蚓的调查

在考察引种场时，与各供种方进行聊天式和现场查看式调查。如观察种蚯蚓是否有退化现象；了解供种方是否对本场的种蚯蚓进行优育和提纯复壮，是否拥有可靠的配套养殖技术，能否提供良好的售后服务，种源价格是否包含打包费、装车费和运费，以及运输所需的包装容器是否经得起长途运输等，这些细节也应加以了解核实。

2. 记录

野外采集蚯蚓时，要随身携带记录本，详细记下蚯蚓采集的时间、地点、环境等。采回的蚯蚓在驯养成功后经过选优去劣才能作为种蚯蚓饲养，并通过记录做好优育计划，以防近亲繁殖。

3. 隔离

疾病的传播方式与传播途径多种多样，其中引种就是疾病传播的一种途径。虽说我们是挑选健壮、个体大、反应灵敏等无任何病症的蚯蚓为种，但很多细菌及病原微生物是肉眼无法观察到的，也不会马上表现出来，而是通过排泄物等方式进行传播，或是集聚到一定时候才暴发出来。因此，为了预防疾病的传染及扩散，新引进或野外采集回的蚯蚓均需要进行隔离饲养，待观察15天或是30天后，无大批量死亡、精神不振、不适挣扎状、四处逃游，蚓体无红肿、白丝及分泌大量黏液等不正常现象时，便可以放入优选优育区正常饲养。

第二节 蚯蚓的提纯

一 建立选种区

不管是上规模的蚯蚓养殖场还是小规模的养殖场，或是用于自家龟、禽类饲料的家庭养殖场，为防近亲繁殖导致品种退化，提高抗病力，提高繁殖率，降低成本和提高经济效益，均应对本场的种蚯蚓进行优选优育，有一定规模的养殖场更应做好种源的提纯和优育计划。因此，在养殖场里应建立生产区、原种区、选育繁殖区和优育繁殖区等分层次的繁育体系。

二 选种的要求

在选种时，一般将生产区长势好的蚯蚓放入原种池中，并做好记录，定时筛选，将短小、体色异常、敏捷和敏感度不强、显病态衰老的个体随时挑出作为商品蚓处理，优质的种蚯蚓留下做进一步的优育。优质的种蚯蚓应具有以下特点。

（1）环带 达到性成熟的蚯蚓，其环带红晕粗壮明显。

（2）体态 体形粗壮，粗细均匀，无斑点，无萎缩等症状，行动敏捷，钻土迅速。

（3）色泽 呈现本品种特有的鲜亮颜色。

（4）敏感 对光照、温度及身体突然受到的刺激的反应敏感，遇强光时迅速钻入土层，遇高温迅速避开，身体受刺激时纵肌收缩迅速且有力。

蚯蚓种苗的挑选

（5）原体 蚯蚓具有再生能力，将其截成两段后，断开伤口处在 1 周左右即可自动愈合，独立形成两个个体，但其繁殖率较差，有的则不可繁殖。因此，选种时一定要选择原体作为繁殖蚓。

三 提纯复壮的步骤

选用异地的优良种与本地的优良种进行二次杂交，再从繁殖出的种蚯蚓中剔除劣质蚓，选优质的杂交蚓进行三次提纯复壮，即将优质的杂交蚓再与野生蚓或第三方异地优质蚓进行杂交，将杂交后的优质蚓投放至生产区进行生产繁殖，以提高蚯蚓的生产能力、适应能力、繁殖率和抗病力，不断扩大优良品种数量，避免近亲繁殖引起的品种退化。

第三节　蚯蚓育种的方法

蚯蚓的育种方法有本品种选育与纯种繁育（品系繁育），两者既有相似又有区别。本品种选育的含义较广，不仅包括培育品种的纯繁，还包括地方品种和品群的改良提高，且不强调保纯，必要时还可采用某种程度的小规模杂交。而纯种繁育一般是指在培育程度较高的品种内部所进行的繁殖和选育，其主要目的是获得纯种。因此，各养殖场或养殖户应根据自己的养殖规模和养殖目的来选择适合自己的育种方法。

一　本品种选育

本品种选育一般是指在本品种内通过选种、选配、品系繁育和改善培育条件等措施来提高品种性能的一种繁育方法。其基本任务是保持和发展一个品种的优良特性，增加品种内优良个体的占比，克服该品种的某些缺点，以达到保持品种纯度和提高整个品种质量的目的。

1. 本品种选育的意义

（1）保持和发展品种的优良特性　一个品种能基本满足国民经济发展的需要，说明控制优良性状的基因在该品种群体中有较高的频率，但若不能开展经常性选育工作，优良基因的频率就会因遗传漂变、突变和自然选择等作用而降低，甚至消失，从而导致品种的退化。通过本品种选育，能够使优良基因的频率始终保持较高的水平，甚至得到进一步提高，从而使品种的优良特性得到保持和发展。

（2）保持和发展品种的纯度　任何一个品种都不可能在所有的基因位点上达到基因型的完全一致，尤其是受人工选择影响较大的高产品种，如大平二号蚓，其变异范围更大，这就为本品种选育提供了遗传基础，同时也使本品种选育成为十分必要的育种手段。通过本品种选育，可以保持和提高蚯蚓群的基因纯合程度，从而为直接使用或培育新品种及杂种优势利用提供高质量的品种群。

（3）克服品种的某些缺点　任何一个品种都不可能十全十美，或多或少都存在着一些缺点，有的缺点甚至还较严重。通过品种内的异质选配，就能以优改劣，克服某些缺点。若品种内的异质选配不能奏效，则可以通过引入杂交来引进相应的优良基因，从而加快选育进程。

国内外育种实践证明，应用本品种选育，不仅可以迅速提高地方品种的生产性能，而且能使培育品种的性能继续得到提高。

2. 本地品种选育的特点

本地品种即指地方品种，它们是在特定的生态条件下经过长期辛勤培育而成的，能适应当地的自然条件和经济条件，但在一些经济性状上，除部分选育程度较高的品种外，大部分处于较低的水平，而且性能表现也不够一致。因此，本地品种选育的特点是在提高生产性能的同时，提高群体基因纯合度。

3. 本地品种选育的基本措施

我国蚯蚓的本地品种很多，其现状与特点各不相同，因而选育措施也不可能完全一样。目前养殖较多且面积较广的为大平二号蚓，在选育过程中主要采取的基本措施如下

（1）建立选育机构 蚯蚓品种的选育是集技术、组织管理为一体的系统工程，具有长期性、综合性和群众性的特点，因而必须组织品种调查，确定选育方向，拟定选育目标，制订选育计划，检查、指导整个选育工作，协调各有关单位的关系。

（2）建立良种繁育体系 在品种主产区，建立完善的良种繁育体系。良种繁育体系一般由专业育种场、良种繁殖场和一般繁殖饲养场组成。专业育种场的主要任务是集中进行本品种选育工作，培育大量优良种建设各地良种繁殖场，并指导群众育种工作。良种繁殖场的主要职责是扩大繁育良种，供应一般繁殖饲养场和专业户的优良种。

（3）严格选种选配 选种选配是本品种选育的关键。选择性状时，应针对品种的具体情况突出几个主要性状，以加大选择强度。在选配方面，可根据品种改良的不同要求采用不同的交配制度。为了建立品系和迅速提高纯度，在育种场的核心群可以采用适当程度的近交。但在良种繁殖场和一般饲养场，则应避免使用近交。

（4）科学饲养，合理培育 动物性状的表现是遗传与环境相互作用的结果。良种只有在选育的饲养管理条件下，才能发挥其高生产性能。因此，在进行本品选育时，应把饲料生产、改善饲养管理与进

行合理培育等放在重要地位。

（5）适当引入外血 当采用上述常规选育措施仍无法获得明显效果，不能有效地克服原品种的个别重要缺陷时，可以考虑采用引入外血。由于引入少量外血，基本上没有动摇原品种的遗传特性，所以仍属于本品种选育的范畴。

4. 引入品种选育

（1）引入品种时应注意的问题 由于自然条件对动物的品种特性有着持久、深刻而全面的影响，所以引种必须慎重。只有在认真研究引种的必要性后，方可确定引种与否。在确定需要引种后，为了保证引种成功，还必须做好以下几方面的工作。

1）正确选择引入品种。一个品种的适应范畴大小和适应性强弱，大体可从品种的选育历史、原产地条件和分布范围等方面做出判断。为了正确判断一个品种是否适宜引入，最可靠的办法是先引入少量个体进行引种试验观察，经实践证明其经济价值和育种价值良好，又能适应当地自然条件和饲养管理条件后，再大量引种。

2）慎重选择引入个体。引入的个体必须品种特征明显、体质结实健康、生长发育正常、无有害基因和遗传疾病，年龄以青年为宜。

3）合理安排调运季节。为了让引入动物在生活环境上的变化不过于剧烈，使其机体有一个逐步适应的过程，在引入动物调运时间上应注意原产地与引入地季节气候的差异。如从温带地区引至寒冷地区，宜于夏季抵达；而由寒冷地区引至温暖地区，则宜于冬季抵达，以便使动物逐渐适应气候的变化。

4）严格执行检疫制度。为了防止带进引入地原先没有的传染病，必须切实加强动物种的检疫，严格实行隔离观察制度，否则会给生产带来巨大的损失。

5）加强饲养管理和适应性锻炼。引种后的第一年是关键的一年，为了避免不必要的损失，必须加强饲养管理。为此，要做好引入动物的接运工作，并根据原来的饲养习惯，创造良好的饲养管理条件，选用适宜的饲料和饲养方法。在运输过程中，为防引入动物水土不服，应携带原产地饲料，供途中和初到新地区时饲喂。根据引入动物对环境的要求，采取必要的防寒或降温措施。积极预防地方性传染病和寄生虫病。

在改善饲养管理条件的同时，还应加强适应性锻炼，促使引入动物尽快适应引入地区的自然环境与饲养管理条件。

6）采取必要的育种措施。对新环境的适应性，不仅品种间存在着差异，即使同一品种的不同个体间也有不同。因此，应注意选择适应性强的个体，淘汰不适应个体。为了使引入品种更易于适应当地环境条件，也可考虑采用杂交的方法，使外来品种的血缘成分逐代增加，以缓和适应过程。在环境条件非常艰苦的地区，引入外地品种确有困难时，可通过引入品种与本地品种杂交的办法，培育适应当地条件的新品种。

（2）引入品种后动物的表现 由于自然环境条件、饲养管理条件的变化，选种方法或交配制度的改变，引入动物的品种特性总是或多或少发生一些变异。这些变异根据其遗传基础是否发生变化可归纳为暂时性变化和遗传性变化两种类型。

1）暂时性变化。自然环境条件和饲养管理条件的变化，常使引入品种的动物在体质外形、个体发育、生产性能，以及其他生物学特性和生理特性等方面发生一系列暂时性的变化。但由于其遗传基础并未改变，只要所需条件得到满足，这些变化就会逐渐消失。

2）遗传性变化。遗传性变化大体分为以下两类。

① 适应性变异。在风土驯化过程中，引入动物可能在体质外形和生产性能上发生某些变化，但适应性却显著提高，这就是适应性变异。适应性变异有利于风土驯化和引种的成功。

② 退化。退化是指动物的品种特性发生了不利的遗传性变异。其主要特征是体质过度发育、生活力下降、发病率和死亡率增加、生产性能下降、繁殖力下降、性征不明显、畸形胎和死胎增多等。

应当指出的是，判断一个品种或苗群是否发生退化，乍看似乎很简单，其实这是一个相当复杂的问题。因为品种特性和生活力的具体表现，不仅受遗传因素的制约，而且在不同的程度上还受环境条件的影响。只有当一个品种或动物群发生了不利的变异，即使消除了引起不利变异的环境因素，提供了合适的饲养管理和环境条件，其后代的品种特性和生活力仍不能恢复时，才能确认其发生了品种退化。

(3) 引入品种选育的主要措施 根据上述特点和我国各地的经验，对引入品种的选育应采取以下措施。

1）集中饲养。将引入品种相对集中饲养，并建立以繁育该品种为主要任务的良种场，以利于展开选育工作。

2）慎重过渡。对于引入品种的饲养管理，应采取慎重过渡的办法，使其逐步适应。要尽量创造有利于引入品种性能发展的饲养管理条件，实行科学饲养。同时，还应加强其适应性锻炼，提高其耐粗饲性、耐热性和抗病力，使其逐渐适应引入地的自然环境和饲养管理条件。

3）逐步推广。在集中饲养过程中，要详细观察并记录引入品种的各种特性，研究其生长、繁殖、采食习性和生理反应等方面的特点，为饲养和繁殖提供必要的依据。经过一段时间的风土驯化，摸清了引入品种的特性后，才能逐步推广到生产单位饲养。良种场应做好推广良种的饲养、繁殖技术的指导工作。

4）建立相应的选育协作机构。在开展引入品种的选育过程中，应该建立相应的选育协作机构，加强组织领导和技术指导，及时交流经验，开展选育协作，促进选育工作的开展。

二 纯种繁育（品系繁育）

1. 品系繁育应具备的条件

品系的繁育，既可在品种内部选育形成，也可通过杂交培育而成。无论通过何种途径和方法育成，品系都必须具备下列条件。

(1) 突出的优点 突出的优点是品系存在的先决条件，它体现了品系存在的价值，用时也是区别不同品系的标志。

(2) 相对稳定的遗传性 品系应具有较高的遗传稳定性，尤其是能将自己突出的优点稳定地遗传下去，并在与其他品种或品系杂交时能产生较好的杂种优势。

(3) 有一定数量的个体 品系应具有足够数量的个体，以保证其在自群繁育时不致被迫进行不适度的近交而导致品系的过早退化，甚至消亡。

2. 品系繁育的作用

品系繁育是指围绕品系而进行的一系列繁育工作，包括品系的建立、品系的维持和品系的利用等。品系繁育的主要作用在于加速现有品种的改良、促进新品种的育成和充分利用杂种优势。

（1）加速现有品种的改良

1）利用品系繁育可以增强优秀个体或群体的影响，使个别优秀个体的特点迅速扩散为群体共有的特点，甚至使分散于不同个体的优良性状迅速集中外转变为群体共有的特点，增加群内优秀个体的数量，从而提高现有品种的质量。

2）利用品系繁育可以将多个经济性状分散到不同品系（或品系群）中去选育，使各个性状均能获得较大的遗传进展且在遗传上容易稳定，从而提高原有品种的性能水平。

3）利用品系繁育可以使品种内不同品系间既保持基本特征上的一致，又使少数性状存在有较大差异，从而使原有品种在不断分化建系和品系综合过程中得到改进和提高。

4）利用品系繁育可使品系内保持一定程度的亲缘关系，而品系间存在相对的血缘隔离，从而使品种既保持了遗传的稳定性，又避免了近交衰退的危害。

（2）促进新品种的育成 品系繁育不仅可用于纯种繁育，也可用于杂交育种。当杂交育种的早期（杂交创新阶段）出现理想型个体时，就可以用品系繁育，迅速稳定优良性状，并形成若干基本特性相似又各具特点的品系，建立品种的完整结构，促进新品种的育成。

（3）充分利用杂种优势 品系繁育不仅提高了品系的性能水平，也提高了各品系的遗传纯度，同时还使品系间保持一定的遗传差异。因此，品系间杂交可产生强大的杂种优势，用各品系的蚯蚓与其他地方品种成品系杂交，也能获得良好的效果。

3. 品系繁育的步骤

品系是品种内具有共同特点，彼此有亲缘关系的个体所组成的遗传性稳定的群体。

（1）建立基础群 一是按血缘关系建群，二是按性状建群。按血缘关系建群，应先将蚯蚓进行系谱分析，查清蚯蚓后代的特点后，选留优秀蚯蚓后裔建立基础群，但其后裔中不具备该品系特点的不应留在基础群，这种建群方法适宜在蚯蚓的遗传力低时采用。按性状建群，是根据性状表现来建立基础群，这种方法不考虑血缘而按个体表现建群，适宜在蚯蚓的遗传力高时采用。

（2）建立品系 基础群建立之后，一般先封闭起来，只在基础群内选择留种进行繁殖，逐代把不合格的个体淘汰，每代都按品系特点进行选择。最优秀的亲本尽量扩大利用率，质量较差的不配或少配。亲缘交配在品系形成中是不可缺少的，一般只做几代近交，以后采用远交，直到特点突出和遗传性稳定后纯种品系便育成。

（3）血液更新 血液更新是指把具有一致的遗传性和生产性能，但来源不相接近的同品系的种蚯蚓，引入另外一个蚯蚓群。由于它们属于同一品系，仍是纯种繁育。血液更新在下列情况下进行：一是在一个蚯蚓群中，由于蚯蚓的数量较少而因近交产生不良后果时。二是新引进的品种因环境改变，生产性能降低时。三是蚯蚓群质量达到一定水平，生产性能及适应性等方面呈现停滞状态时。血液更新过程中，被引入的亲本在体质、生产性能、适应性等方面没有缺点。

选种是蚯蚓品质的选择，选择的蚯蚓种又通过选配来巩固选种的效果。因此，选配是选种的继续，也是育种工作中有机联系的重要方面，进行品系繁育时也要做好选配的工作。

4. 加速幼蚓的成熟过程

原种蚯蚓的繁殖优势率比较高，但种蚯蚓因繁殖量、蚓茧质量有一部分明显降低，一方面是由于营养的吸收转化能力跟不上产茧量的需要，另一方面是由于性功能的优势性和产茧的优势性不能同步，而造成产茧的优势性滞后现象。因此，可使用“保茧素”来解决蚯蚓产茧质量低和出现间歇性产茧的现象。方法是：用50毫升的“保茧素”兑纯净清水1000毫升，经稀释后均匀喷雾在基料上，每周喷晒1次，每次用药量为500毫升/米^2。必须注意的是，在使用“保茧素”时，应与“活性素”分开使用，切不可同时使用。

【提示】 蚯蚓养殖场通过选育建立原种群、繁殖群、生产群三级模式，有利于大规模生产蚯蚓。

第七章
蚯蚓的饲养管理技术

第一节　蚯蚓饲养管理的要求

一　对饲养人员的要求

饲养人员的养殖态度是决定整个养殖场养殖成败的原因之一。因此，不管养殖什么动物，饲养人员首先必须要喜爱所养殖的动物，其次要有责任心、细心、较强的观察力和及时处理的能力。很多人认为养殖业中养殖技术最重要，其实喜爱、责任心和及时处理的能力才是最重要的，养殖技术排后。当然，饲养人员肯定要了解所养殖动物的生活习性，通过培训、养殖书籍的学习、参观学习及实践操作学习等途径来掌握一定的养殖技术，才能把动物养好，也才能获得好的经济效益。图 7-1 中是正在参加养殖培训的养殖户及饲养人员。

图 7-1　蚯蚓养殖户及饲养人员在认真学习

二 对饲养的工作要求

饲养人员应定期或不定期地巡查养殖区。巡查时要细致、认真地观察，发现问题及时处理。观察内容包括以下几个方面。

1. 环境情况

蚓床基料不同地方的湿度、温度、蓬松度、透气性、pH、通风、排水、蚓床有无被雨水浸泡等情况，不管是哪方面出了问题，都要立即采取有效措施进行纠正。

2. 进食情况

查看蚯蚓的进食量、有无余料、余料是否发臭、饲料是否完全发酵、有无有毒气体等。若无余料，应立即进行补饲。

3. 蚯蚓的健康情况（彩图18）

看体色是否有光泽、正常，精神状态是否良好，行动是否敏捷，进食是否正常，是否有螨虫等寄生虫。

4. 蚯蚓的密度情况

蚯蚓个体的生长速度、蚓床中蚯蚓量与蚓茧量的增减、成活率是否下降等，均可作为判断蚯蚓密度大小的依据。

5. 蚯蚓的饲养工作

蚯蚓的饲养工作具有长期性和连贯性，在这个过程中要记录相关数据，从中找出蚯蚓生长规律性的东西，才能使技术水平得到提高，再应用到蚯蚓的饲养实践中，才能获得更好的养殖效果和经济效益。

第二节 蚯蚓的日常管理

一 日常管理中的注意事项

1. 翻动蚓床

由于常要给蚓床浇水以调节湿度，难免有些操作不当，或投喂的饲料含水量大，而使蚓床基料板结，影响透气性，引发蚓床含氧量不够。但蚯蚓耗氧量较大，为防止蚯蚓缺氧，在养殖过程中需经常翻动蚓床使其疏松，每2～3天用疏齿铁耙疏松蚓床1次，防止基料板结，以利于通气，增加氧气。

2. 适时投料

在养殖过程中，每天要观察饲料的消化情况，若蚓床上的饲料剩余量为投料的1/3，即可添加新饲料。

蚯蚓饲料
补料方法

3. 及时浇水

蚓床基料的湿度在70%最适合蚯蚓的生长。因此，为保持湿度，每天必须浇水，特别是高温的夏季，光照强，水分蒸发快，浇水时间一般是早上9:30前和傍晚天黑前。南方的春季是高湿季节，回南天时不可天天浇水，应2～3天浇1次水，否则水分过足会引发蚯蚓外逃。

蚯蚓棚内水管的
安装要求

蚓床的正确
浇水方法

补料后蚓床的
浇水方法

4. 适时分群饲养

在饲养过程中，种蚯蚓不断繁殖，幼蚓不断生长，蚓床的养殖密度就会不断增大，而蚯蚓的习性是子孙不同堂，老一辈的会集中到蚓床的两侧，加之密度过大，蚯蚓就会外逃，所以必须适时分床或收取成蚓。

5. 及时刮除蚯蚓粪

为防蚓床板结和透气性差而导致蚯蚓缺氧，要定期进行蚓体与蚓粪分离，对早期幼蚓可利用其喜爱新鲜饲料的习性，以新鲜饲料诱集幼蚓；对成蚓和繁殖蚓可利用蚯蚓怕光的习性，用长柄实铁耙逐层刮取或用长柄塑料扫把扫蚓粪，即可清除和收集蚓粪，最后获得蚯蚓团并投喂新鲜饲料。

蚯蚓粪的
分离方法

6. 适时采收

对于年龄趋老的蚯蚓要适时采收并加工，及

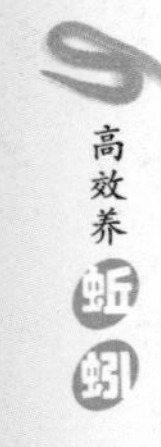

时调节和降低种群密度，保持生长量的动态平衡。

7. 防止天敌的危害

每天晚上11:00以后进行全场巡查，一旦发现有老鼠、蛇、蟾蜍、青蛙、黄鼠狼、蝼蛄等天敌时要及时处理，当然白天要防止鸟、鸡、鸭等生物的危害。

二 养殖床基料的铺设

引种前和分床前的准备工作：将基料堆放发酵腐熟完全，经过15天左右（基料发酵腐熟完全的时间根据温度而定，发酵过程中若温度在25℃以上，一般10天即可，若温度在20℃以下，则需要15天以上），用手抓起来嗅，没有臭味，而是有一股淡淡的香、微酸甜味即为发酵腐熟完全。将发酵好的基料铺在养殖棚内，每垄长35～45米、宽0.5米、高0.3米。铺好养殖床后每天浇水1～3次，连浇3天左右，待基料里的毒气（一些未完全发酵的料继续发酵而产生）散发完后，基料湿度也正常，便可以试投0.5千克左右的蚯蚓种苗，待24小时后，投放的蚯蚓能安稳地在新床里生活，未出现逃跑或无精神异常状态时即可正式投放种苗。

三 蚯蚓种苗的投放密度

蚯蚓种苗的投放密度，是决定产量的一个重要因素，但并不是密度越大产量就越高，合理的养殖密度与种蚯蚓的繁殖、成长速度有着密切关系。通常赤子爱胜蚓的种苗投放量在每平方米（饲养床）0.3～0.4千克；若是1月龄以内的赤子爱胜蚓幼蚓，每平方米可投放0.6～0.9千克；若是2月龄的赤子爱胜蚓，每平方米可以投放0.45～0.5千克。因此，选择合理的养殖床大小和养殖密度也要根据养殖方式和当地的具体气候、饲料质量而定。

试种及投放密度

四 饲料的投喂方法

在养殖床上养殖的蚯蚓，阶段不同，其饲喂的饲料和方法也是有所不同。

1. 投喂幼蚓

幼蚓因消化系统发育不成熟及消化能力差，投喂的饲料应以细软、含水量少、粉状营养的为主，防止投喂过硬、湿度过大的饲料，以免幼蚓消化不及时，会使中、下层基料板结阻塞，从而降低蚓床的透气性，令幼蚓不适、死亡或外逃。

2. 投喂青少年蚓

青少年蚓的生长速度较快，活动量大，消化力强，饲料投喂量必然要增多。此阶段的蚯蚓虽然依然喜欢吃细软可口的饲料，但为了使青少年蚓延续饱感，保持旺盛体力和生长速度，可用粗、细软的饲料混合喂养。由于蚯蚓是变温动物，往往其消化快慢跟温度也有密切的关系。因此，投喂青少年蚓的饲料也要根据温度变化而进行增减。一般温度为20～24℃，是蚯蚓生存的最佳温度，也是其生长、繁殖最快的时期，饲料消耗量也是最大的。

3. 投喂成蚓

由于成蚓的消化系统发育比青少年蚓成熟，不管是粗饲料还是细软的饲料，都不嫌弃，但按成蚓用途的不同，投喂的饲料也有所不同。一般作为商品蚓，饲料可粗放，营养供给与平常相当；但是作为繁殖种，特别是作为提纯复壮、改良种源的成蚓，其饲料要与商品蚓有所不同，起码在营养方面要全面，蛋白质稍比商品蚓多，但也不能太多，适量即可，蛋白质过多反而起反作用，易造成蛋白质中毒。投喂成蚓的方法很多，各地可根据当地温度和饲料质量选择适合其喂养的方法，如点状投喂法、上层投喂法及开沟式投喂法等。

4. 饲料的投喂方法

饲养人员要经常观察蚯蚓的取食及消化情况，既不能出现饲料过剩，造成饲料霉变发臭，从而降低饲料的质量，也不能出现饲料不足而影响蚯蚓整体的生长发育。在温度为20～24℃时，蚯蚓吃料较多，此温度段应多投料，当蚓床上的饲料只剩原投料的1/3，即可添加新饲料，如果蚓床上的饲料都变成了蚯蚓粪，必须要及时补充饲料，根据蚯蚓密度选择投料方式。例如，在蚓床上撒上一层薄料或进行点状投喂等，并交替着投料位置，以免蚓床板结而不保温、缺氧、积水等引起蚯蚓外逃或死亡。当蚓床里蚯蚓密度大时，要及时分床，若新基

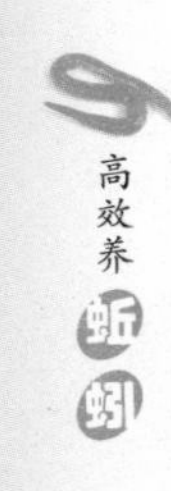

床未准备好，则应加大饲料的投喂量。

【提示】 遇到雨天，蚓床两端的蚯蚓容易逃跑，故下雨前在蚓床的两端要多投放饲料，有条件的可在晚上打开灯，以防止蚯蚓逃走或死亡。

五 温度和湿度的调控

1. 温度调控

蚯蚓属变温动物，温度是直接影响蚯蚓生长发育和繁殖的重要因素，适宜其生长的最佳温度为20～24℃。为使蚯蚓的生存环境达到最佳状态，促进其生长，提高产量，调控温度至最佳状态是关键。特别是夏、冬季，南北温差大，如果超出了蚯蚓的耐受极限，就会直接威胁到蚯蚓生命安全，所以饲养时要提前做好温度调控工作。

（1）温度过低 温度低于7℃时，蚯蚓活动能力差，食欲不振，甚至出现蚓体僵硬现象，故要采取增温措施。例如，在蚓床上铺盖薄膜、草帘等进行保温。

（2）温度过高 温度高于29℃时，应采取降温措施。例如，在大棚上方安装喷水系统，通过棚顶上的水分蒸发，可以起到降温的作用；也可以搭棚架设置遮阳网或种植爬藤植物等。

2. 湿度调控

在日常管理中，检测蚓床的湿度是养殖蚯蚓的基础工作。因基料、饲料的种类不同，其要求的含水量也有所不同，即使相同的基料或饲料，若铺设在不同部位，其湿度也有区别，不要因片面掩盖整体，造成湿度的不平衡。例如，阳光照射时间长的位置或地头易被风干的位置（指大棚养殖），湿度较小些。

检测蚓床基料和饲料的湿度时，应在蚓床的上、中、下3部分进行抽检。蚓床基料的湿度在60%～70%是蚯蚓最佳的生存和繁殖环境。检测方法为：用手抓起基料捏成团后，手指缝见水痕，但不滴出水，表明其湿度为55%左右；用手捏成团，稍微晃动基料，基料能松散开来，表明其湿度为60%左右；用手捏成团后，手指缝有少量水珠滴出，表明其湿度为65%左右；若有断断续续的水珠滴出，表明其湿度为70%左右；若水珠滴成线状，表明其湿度为85%以上；若抓起基料不用手捏就有水珠滴成线状，表明其湿度在95%以上。

1）基料湿度大的原因及调控。造成蚓床基料湿度过大的原因有：铺设的基料湿度大；浇水方法不对，使基料积水；未及时清理蚓粪，使蚓粪沉积而致基料板结、积水；投喂的饲料含水量大，产出的蚓粪含水量就大，又未及时清除，造成板结积水；雨水直淋蚓床（露天），或排水不畅导致蚓床湿度大。调控的方法为：及时更换基料，将湿度合适的新基料铺在旧基料一侧，待蚯蚓全爬到新基料后再将旧基料清理掉。平常巡查时注意观察，及时清理蚓粪。

2）基料湿度小的原因及调控。造成蚓床基料湿度小的原因有：铺设的基料湿度小；平时浇水时间间隔久；高温使水汽蒸发快；秋季风大，天气干燥等。调控的方法为：将基料调至适宜的湿度再铺床；定时巡查，发现湿度小就及时浇水。

六 浇水与翻动蚓床

1. 浇水

在蚯蚓养殖过程中，水和饲料都是缺一不可的条件。因此，我们在养殖前应对水源抽样检测，确保饲养人员饮水和蚯蚓养殖用水的安全。蚓床基料湿度在70%是蚯蚓最适合的生存繁殖环境，为保持正常湿度一般都要每天浇水，浇水时间通常在早上7:00～9:00，傍晚在天黑前。浇水的次数由蚓床基料的湿度决定，因为北方与南方的气候、空气湿度不一样，特别是南方春季是高湿季节，更要掌握好蚓床基料的湿度。

【提示】

① 不能用打开水龙头的方式浇水，应套用一个像花洒式的喷头，以雾状式浇水，否则易造成基料积水和板结。

② 南方春季的回南天，湿度大，可2～3天浇水1次。夏季温度在30℃以上时可每天浇水2～3次。

2. 翻动蚓床

图 7-2　松床

由于蚯蚓耗氧量较大，要保证整个养殖场通风、透气性良好。经常检查蚓床是养殖蚯蚓的一项重要工作，也是养殖蚯蚓成败的关键因素之一。蚓床出现蚓粪严重结块，或残料过剩发臭时，就要清理残料，用疏齿铁耙翻动蚓床基料，使其疏松（图 7-2），以利于通风透气，防止蚯蚓生病。

七 酸碱度的调节

适宜蚯蚓生活的环境 pH 为 6.5 ~7。若因基料发酵不完全或投喂的饲料含蛋白质或淀粉类太多，就会造成蚓床酸碱失衡，致使蚯蚓大量外逃或死亡。当蚓床的 pH 低于 6 时，可用石灰水或是碳酸钙溶液来调和；若是 pH 高于 7，则可用醋酸或柠檬酸兑水来调和。

八 适时分养、采收

蚯蚓有同代同居，祖孙不同堂的习性。在饲养过程中，种蚯蚓不断产茧，孵出幼蚓，蚓床里的蚯蚓必然日益增多，密度增大，造成蚓床空间少、透气性差，出现蚯蚓外逃，尤其是老一辈的和刚成熟的蚯蚓会集中到蚓床两侧生活或外逃。此时要适当分床养殖。应及时调节和降低种群密度，如可对商品蚓进行采收，以有利于幼蚓成长，同时预防疾病和近亲繁殖。

【提示】 当养殖密度大，蚓床氧气不足时，蚯蚓均会集中到蚓床的两侧，应找出原因，对症处理。密度大时分床；若是蚓床缺氧，则及时用疏齿铁耙松蚓床，将板结或成团的基料敲碎。

九 定期清除蚯蚓粪

清理蚯蚓粪的目的是减少蚓床里的堆积物，确保蚓床通风透气，滤水良好，没有病虫害。

1）蚓床出现病蚓，必须及时清床，把蚯蚓与蚯蚓粪彻底分离。若蚓床中蚯蚓密度不大，则可利用其生活习性和喜爱新鲜可口饲料的共性，在蚓床上投放一坨一坨的新鲜饲料，诱集蚯蚓，将这些蚯蚓集中在一起，再利用它们怕光的习性，用铁耙或塑料扫把逐层刮去蚓粪，把干净、活力强的蚯蚓重新铺床喂养。

2）投放种苗后养殖 3 个月左右，逐次把性成熟的蚯蚓采收完毕后，要把蚯蚓粪清理出蚓床。

十 防逃

一般蚓床的基料温度低、湿度小、密度大、饲料不足、蚯蚓粪过多、基料板结缺氧、基料发酵不完全而造成基料继续发酵产生有害物质和气体、电磁波干扰、下雨天和附近有开山炸石的震动等因素，均会引起蚯蚓对栖息环境的不适而出现大量外逃的现象。因此，蚯蚓养殖过程中防逃也是一项重要的工作。

1）为避免基料发酵不完全而继续发酵产生有害气体导致蚯蚓外逃，在铺蚓床时须对基料连续浇水 3 天除去有害气体后，再进行试养，之后方能进行正式分床、投种；投喂的饲料必须完全发酵，投喂新鲜料时应及时将剩余变质的料清除掉。

防逃及防水设施

2）根据蚯蚓的进食量、饲养时间及个体的大小适时分床，以防饲养密度过大而导致蚯蚓外逃。

3）每周用疏齿铁耙松床 1 ~2 次，采用喷雾式浇水，以免基料积水、板结造成氧气不足，致使蚯蚓外逃。

4）基料板结使蚓床不保温、加之湿度偏小，蚯蚓因生长不适而外逃。

5）蚓床内湿度不够，而蚓床外湿度大；下雨前和下雨中，蚓床外的湿度比床内大，而蚓床两端的饲料投喂不足，或未开灯，均会造

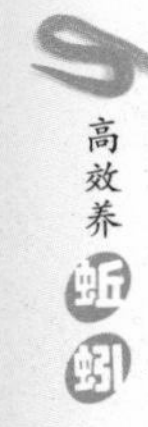

成蚯蚓外逃。

6）蚓床的两端常由于光照、温湿度不合适，导致蚯蚓会从这个地方外逃。在蚓床两端加盖一些杂草，可以防止蚯蚓外逃（图 7-3）。

图 7-3　在蚓床两端加盖杂草防逃

十一　防治天敌

蚯蚓的天敌较多，家禽类、鸟类、蛇类、蚁类、鼠类、蛙类、虫类及寄生虫类等肉食性动物均是蚯蚓蜘蛛的天敌。平时在蚓床上常见的敌害有蚂蚁、螨、红蜘蛛、鸟和老鼠；夏、秋季常见的有蛇、蟾蜍、青蛙、牛蛙、蜈蚣、蝼蛄、寄生蝇等。

平常巡查养殖场时，要细心观察蚓床，特别是蝼蛄、蜈蚣、蛙类及蚁类会直接钻入蚓床内部，由内而外危害蚯蚓，蚓茧也不会放过，一般不仔细观察很难发现，当发现蚓床的基料有特别拱起的地方时，要翻开基料查看，发现有敌害要及时处理。老鼠不管白天黑夜都会光顾，可在其特别出没的地方放置老鼠粘贴纸；在养殖棚四周撒上一圈石灰，可防蚂蚁、蜈蚣的入侵；在棚四周挂网或棚顶放置假人可防鸟类；在棚两侧用石棉瓦或水泥挡至 18～30 厘米高，可防蛙类的入侵；投喂的饲料和基料一定要发酵腐熟完全，将螨虫、红蜘蛛等寄生虫在源头处理好；当发现养殖基料有较多的螨虫等细小寄生虫时，及时更换基料，并在清除旧基料后对蚓床进行杀菌灭虫消毒处理，然后铺设新基料。总之，根据不同的养殖方式，针对不同的蚯蚓天敌生活习性，做好防范和防治。

第三节 蚯蚓不同龄段的饲养管理技术

一 种蚯蚓的饲养管理

很多养殖场由于不注重优育，造成近亲繁殖而出现种群退化现象，使整个场的经济效益受影响。因此，不管是家庭养殖还是大规模养殖，在养殖过程中一定要注意种群的优选、优育及提纯复纯，不断将不同祖、不同代且个体大、反应灵敏、精神好、无病症的蚯蚓分开饲养，作为后备种蚯蚓。也可购入外场种苗、捕捉野生种，通过选择、杂交的方法来培育具有生长快、抗病力强的杂种优势的后代，并不断扩大种群，留作种蚯蚓。

一般蚯蚓在成熟交配后第二年进入繁殖旺盛期，不管是产茧数量还是蚓茧的质量都是最佳，而后进入衰退期便可作为商品蚓出售。

种蚯蚓的管理要点是：合理配制松软且适口性佳的饲料，养殖基料松软、无氨气。提供种蚯蚓达到最佳繁殖性能所需的环境，如养殖床温度（20～24℃）、湿度（70%）等。保证合理的养殖密度，如45米左右长的每垄养殖床投放45～50千克的日本大平二号蚯蚓。常用疏齿铁耙松床，使其通气性更好。

应确保种蚯蚓在繁殖期间有充足的营养。在原来投喂的饲料基础上添加适量的含蛋白及含氮饲料，如豆渣等蛋白质饲料，若投喂的食物营养与产茧需要跟不上，就会出现产茧量减少和蚓茧质量下降的现象。

【提示】 投喂的饲料碳氮比以10:20最为合适，含氮量过低影响产茧，过多则易引发蛋白质中毒。

二 蚓茧的管理

1. 温度

蚓茧孵化时的温度特别重要，这直接影响蚓茧的孵化率和孵出时间的长短。蚓茧孵化的最佳温度一般为23℃左右。养殖生产中通常

蚓茧与种蚯蚓在一起，不做分离单独孵化，而是随床孵化。

2. 湿度、通气及光照

蚯茧孵化的适宜湿度为68%左右，过湿则蚓茧无法呼吸、膨胀爆裂，过干则缺水干瘪，均无法孵化。夏季早、晚各浇水1次，冬季每天浇水1次，浇水次数根据天气情况和基料的湿度决定。浇水时水滴宜细小而均匀，随浇随干，不可有积水。在孵化的中后期，蚓茧通过茧壳的气孔进行气体交换，需要的氧气量较多，因此，应注意松床，以增加通透性。

三 幼蚓的饲养管理

幼蚓刚从蚓茧孵出，一般呈白色丝线状，身体弱小，幼嫩，新陈代谢旺盛，生长发育极快，在管理上应特别注意。

1）湿度。适宜湿度为70%左右。

2）温度。适宜温度为20～23℃。

3）水分。应用喷雾器或花洒式喷水，使水细小呈雾状，夏季每天喷洒2～3次，但不能有积水。

4）饲料。饲料要新鲜、疏松、细软、粉状、腐熟完全、易消化且营养丰富。

5）天敌。注意防治红蜘蛛、粉螨、蝼蛄、蚂蚁和蜘蛛等天敌。

6）基料。幼蚓孵出前期的基料厚度为8～10厘米，当基料表层大部分粪化时，应及时清除蚯蚓粪，将饲养床成倍扩大，并每周疏松1～2次基料。每周疏松基料的次数根据基料的蓬松度而定，若基料板结快，则每周需疏松2～3次。后期由于幼蚓生长迅速，活力增强，需要供给充足的食物和氧气，因此应每天观察饲料的剩余量，及时补给。

四 青年蚓的饲养管理

青年蚓处于生长较快的阶段，进食量大，自然消耗的饲料量也大，投喂的饲料量比幼蚓稍大，口感可粗软混合，适口即好，温、湿度与成蚓一样，只是在清粪和投料次数上比成蚓稍多，松床次数也稍增加。

第四节　蚯蚓不同季节的饲养管理技术

一　春季管理

南北方春季天气不同，北方春季天气还是干燥的，而南方的春季湿度较大，特别是回南天，湿度很大，且温度也不稳定，一天之内温差在十几度是常事。因此，南方的养殖场应特别注意春季的管理工作。

春季当白天温度上升到13℃以上时，将越冬时期覆盖的保温草帘撤去，松床、浇水、投料后再盖上保温草帘，尤其是野外无棚遮挡养殖的蚯蚓。

1）湿度。适宜湿度为68%左右。

2）水分。由于南方春季湿度大，可2~3天浇水1次，北方春季湿度小，则可每天浇水1~2次。

3）基料。春季早晚温差大，且倒春寒较厉害，所以维持原来的基料厚度，不得减少，及时松蚓床，以免基料板结，蚓床温度下降或不均。

4）饲料。将发酵腐熟完全、均匀的饲料薄薄撒一层，或将饲料做成小团状投放，团与团之间相隔5厘米左右。

二　夏季管理

夏季是高温季节，蚓床基料易失水干燥，因此，夏季的管理工作以降温保湿为主。如在养殖场搭盖遮阳网或是覆盖挡光物，并增加喷水的次数等进行降温。同时应注意更换新基料，在基料中增加枝叶类植物，以提高基料的透气性，增加溶氧性。最好在基料中喷施"益生素"，以增加基料中有益菌的种类和数量，减少有害菌的繁殖。

1）降温。除了拉盖遮阳网，提前种好爬藤植物外，还可在大棚顶上安装自动喷水系统等降温设施。

2）浇水。夏季早上浇水最好在9:00前全部完成，因夏季太阳大，10:00左右水温开始升高，11:00后水管的水便是热水，不能用；晚上天黑前浇好水，天黑后蚯蚓出来活动，若天黑后浇太湿会不利于蚯蚓活动。若是水分蒸发快，蚓床湿度小，中午必需浇 1 次水的，最好浇井水，若是浇自来水管的水，浇水前一定要把管里的热水放完方可浇。蚯蚓养殖过程中最好用井水，冬暖夏凉。

3）投料。投喂的饲料必须是发酵腐熟完全的，若发酵不全，投喂后可引发二次发酵，引发蚯蚓中毒而死亡。夏季可投喂一些瓜果皮，如西瓜皮、东瓜皮、哈密瓜皮等都是蚯蚓爱吃的，还可补充水分。

【提示】 建议有条件的养殖场尽量打 1～2 个水井，不仅省掉一大笔水费开支，降低饲养成本，而且井水污染小，无漂白粉，冬暖夏凉，利于蚯蚓的生长。

三 秋季管理

秋季是蚯蚓繁殖的高峰期，天气干燥，晚秋也是温度不稳定的时节，早晚温差大，温度忽高忽低也是常态。因此，秋季的管理工作以保湿、保温、提供营养适口的食物为主。

由于秋季的蚯蚓育肥和繁殖均需要大量的营养物质，除搞好饲料的投放外，还应考虑基料的营养物质组成，应及时分批、分期更换基料。另外，更换基料还可提高基料内的温度，以增加秋季外界温度下降的不足。

晚上温度较低时覆盖草帘或塑料薄膜以增加基料中的温度，白天温度高时可将覆盖物撤去。雨天则应在基料上覆盖塑料薄膜，并做好排涝的工作，防止大量的雨水浸入基料中，使基料湿度过大，对蚯蚓的生长繁殖不利。

1）饲料。秋季是产茧高峰期，因此，在投喂的饲料中要稍增加蛋白质饲料，但不能多喂，否则会引起蛋白质中毒。

2）浇水。早、晚各浇 1 次，做到蚓床表面湿、无积水、中间基料不粘手。

3）保温。特别是在山里的养殖场，秋末早晚温差大，有的甚至相差在 10℃左右，这就需要晚上用草帘覆盖蚓床进行保温，第二天早上浇水时掀开。

四 冬季管理

在自然界中，温度低于5℃时蚯蚓进入冬眠状态，但人工养殖条件，为提高经济效益，必须进行保温或加温养殖，使蚯蚓无冬眠状态。冬季保温、加温养殖的方法主要有以下2种。

1. 室内养殖

大棚养殖的，晚上在棚上加盖草帘，白天拉开草帘，让太阳直射塑料薄膜，升温后再在蚓床上加盖草帘。或是采用双层充气薄膜，白天太阳直射起到升温作用，雨水或积雪不会堆积于棚顶，而且双层薄膜比“单层薄膜+草帘”更具有保暖性，一般棚内温度与棚外温度相差在10℃左右。也可采用在棚内铺设暖管、在大棚入口处设一火炉，利用暖气或热水循着管道在棚内循环流动而起到加温的效果。

2. 室外养殖

室外养殖蚯蚓很难做到加温，只能以增高基料厚度，加盖草帘、泡沫板及薄膜等措施来保温，使蚯蚓不被冻死。保温期间同样要注意基料的疏松度和湿度，基料板结和湿度太大均不利于保温，湿度不够时也要及时浇水保湿。

【提示】 冬季浇水一般在中午温度高时进行。

第八章
蚯蚓的疾病防治

在人工养殖环境中，蚯蚓的饲养密度是野外密度的几十倍甚至上百倍，蚯蚓发生病害是避免不了的，都有防疫不到位的时候，而且其天敌也不少，如家禽、鸟类、蛙类、蛇类、鼠类、寄生虫类等，还有人为造成的细菌性暴发，对蚯蚓的生长发育和繁殖都会造成较大的威胁。特别是鼠类、蚁类、蛙类和蝼蛄（一种昆虫），直接钻入养殖床中部或底部，危害各阶段的蚯蚓及蚓茧，平时巡查时若不注意观察便很难发现，会对经济造成较大的损失。

第一节　蚯蚓的致病因素及预防措施

一　蚯蚓的致病因素

1. 温度

蚯蚓属变温动物，其进食、生长及繁殖均随温度变化而变化。因此，温度也是影响和引发蚯蚓疾病的因素之一。温度低于5℃时，蚯蚓抗病力下降，萎缩，易感染细菌或寄生虫等方面的疾病；温度高于30℃时，容易导致缺水，也会引发萎缩、缺氧、干枯等疾病，这种情况下蚯蚓逃跑、死亡及繁殖率下降是无法避免的。

2. 湿度

在蚯蚓养殖过程中湿度也是引发蚯蚓疾病的因素之一。蚓床湿度不够，低于60%时，蚯蚓容易失水，引发干枯病，也会引发蚯蚓大量外逃、蚓茧干瘪、无法孵化、繁殖率下降；湿度过大时，易积水，造成基料、饲料及排泄物的板结，空气流通不畅，引发蚯蚓缺氧而死亡；湿度大，也会加速饲料的变质，滋生有害细菌，导致蚯蚓感染细菌等方面的疾病；湿度超过72%时，会堵塞蚓体的换气孔、堵塞蚓茧的呼吸孔，致使蚯蚓和蚓茧呼吸不畅，缺氧死亡，还会诱发水肿病、蚓茧爆裂而无法孵化。

3. 饲料

饲料也是蚯蚓致病的重要因素之一。投喂的饲料发酵不完全，适口性差，导致蚯蚓进食少、残食多，蚓床板结、氧气不足，引发蚯蚓缺氧方面的疾病；饲料搭配不合理，易导致蚯蚓出现萎缩等方面的疾病；投喂的饲料蛋白质过量、氨氮比例失衡，易引发蚯蚓蛋白质中毒等方面的疾病，也会导致繁殖率下降；若投喂的饲料含淀粉类及食盐量过多，使蚯蚓进食后发生二次发酵，会致使蚯蚓发生酸中毒和食盐中毒等疾病。

4. 基料

蚯蚓的养殖基料也是蚯蚓致病的重要因素之一。基料发酵不完全，铺设蚓床、投放蚯蚓后，与蚯蚓的排泄物进行二次发酵，产生有害气体，导致蚯蚓因氨气等毒气中毒；发酵不完全、蓬松度不够，易导致基料板结，使蚯蚓因缺氧而死亡或外逃；基料发酵不彻底，病菌和寄生虫卵未被杀死，会使蚓床细菌快速繁殖而引发蚯蚓细菌性方面的疾病，也会使寄生虫大量繁殖而影响蚯蚓的生活、生长及繁殖率，甚至导致蚯蚓的死亡。

5. 密度

蚯蚓的养殖密度也是引发蚯蚓疾病的因素之一。不管是蚯蚓种苗的投放密度还是商品蚓的养殖密度，过大，均会造成疾病的发生。养殖密度过大，进食竞争激烈，一些个体小或弱的蚯蚓则无法争取到食物，再加上生存空间也拥挤，产生的蚯蚓粪过多，基料容易板结，造成蚓床氧气不足，易导致蚯蚓因缺氧而出现死亡和萎缩等方面的疾病，也会造成蚯蚓的抗病力、繁殖率及体重下降。

6. 酸碱度

养殖基料和投喂饲料的酸碱度也是诱发蚯蚓疾病的重要因素之一。养殖基料和投喂的饲料，若其酸碱度在 6 以下的酸性环境中，蚯蚓容易因胃酸超标而出现萎缩及死亡；若酸碱度在 7.5 以上，则易诱发蚯蚓水肿等疾病。

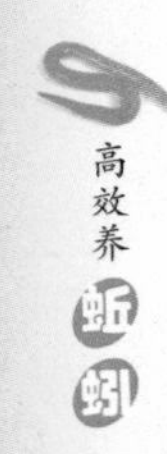

二 预防措施

1. 消毒杀菌

在人工规模养殖条件下，为降低成本，提高经济效益，很多蚯蚓养殖场的养殖密度较大，特别是一些发展不断扩大但养殖场地无法得到扩大的养殖场，其养殖密度就更大，加之不注意疾病的预防，使一些疾病的病菌也在不断地蔓延，因此，无论是新建的场地还是利用猪场等旧场地改造的养殖场，在引入种蚯蚓前必须对全场进行消毒杀菌处理。养殖场大门前应设有消毒区，对进入养殖场内的一切人员（包括鞋在内）及车辆进行药物消毒处理后方可进入。对于因疾病大量死亡的蚯蚓及其粪、基料，应清理打包后及时运出场外，不可堆放在养殖场内，特别是因真菌性疾病大量死亡的蚯蚓，不但要及时运出离场1千米外填埋，场内也要及时消毒杀菌。

对养殖场进行综合性消毒是预防措施中的重要手段。对于养殖场地、基料、饲料中的影响蚯蚓生长和繁殖的大部分病原微生物及寄生虫，采用不同的消毒液定期对全场进行消毒和彻底发酵来预防，同时保持蚓床的湿度、温度、氧气、酸碱度及通风。养殖床上的排泄物和残食应及时清扫，清理完蚓床后及时对场地进行消毒杀菌，杀菌后再进行新的一轮蚓床铺设。对场地进行消毒时最好选择3种以上的消毒液交换使用，方能有效地消灭传染源。

2. 基料、饲料完全发酵

加强饲养管理，将养殖基料彻底发酵好，不铺设发酵不完全的基料，不投喂半发酵的饲料。虽然蚯蚓爱吃新鲜的牛粪，但从奶牛场买回的牛粪不可直接投喂蚯蚓，必须经发酵完全后方可投喂，若是水牛、黄牛等牛的新鲜粪便则可直接投喂蚯蚓，且投喂时必须采用点状投喂法，以防蚯蚓中毒或蚓床缺氧。买回的酒糟必须经彻底发酵后方可投喂。新鲜的木薯渣淀粉含量较高，蚯蚓也很爱吃，但不能多喂，且木薯渣在投喂前必须用水浸泡1周以上方可投喂，以防氰化物中毒，若是变酸则应处理中和后方可投喂。发酵好的饲料在取用1次后，若因氧化而出现变质或感染细菌的，则不可投喂。总之，养殖蚯蚓的基料及饲料必须彻底发酵和多样化，以提高蚯蚓自身的抗病力，减少疾病的发生。

3. 从正规场引种

引入种蚯蚓的好坏决定着养殖者的信心、养殖成本及经济效益，所以引入的种蚯蚓必须是经过优良选育、健康的蚯蚓。引种时应选择正规、规模大、养殖经验丰富的养殖场，因为规模大的养殖场都会对种源进行优化选育繁殖，在疾病检疫、防治等方面也做得较好，从这样的养殖场引入种苗，既能避免引入近亲繁殖或是携带寄生虫及细菌等病源的蚯蚓种苗，提高蚯蚓的抗病力及正常的生长发育和繁殖，也降低了养殖者的养殖成本、从而提高经济效益。

第二节 蚯蚓常见疾病的防治

在自然界中，由于蚯蚓活动空间较大，聚集在一起生活的密度较小，加之再生能力强，当环境不适合时会立即逃至适宜的地方生活。因此，自然界中的蚯蚓患病的概率较小，除非其生活的范围大片被污染，无处可逃才会患病至死。但在人工养殖条件下，饲养密度较大，生活环境和食物均由人工提供，难免会因管理问题和技术问题而患病。下面介绍在人工养殖过程中常见的几种疾病。

一 毒气中毒症

【病因】 投喂的饲料带毒（如木薯粉含有氰化物），或基料发酵时间不够，或发酵不完全，铺设养殖床投入蚯蚓后产生二次发酵，产生有害气体，加之基料板结，毒气无法及时排出，导致蚯蚓快速中毒而无法逃跑（彩图 19）。

【症状】 蚯蚓全身或部分节段无法运动，背部分泌出草色或黄色体液，死亡数量在短时间内快速增加。

【防治方法】 松床，尽可能清除上层多的基料和已死亡的蚯蚓，将基料的厚度减低，并将完全发酵好且浇水 3 天、已除尽毒气的新基料铺设在一侧，待未中毒的或中毒不深的蚯蚓爬入新基料后，再将旧基料连同死亡的蚯蚓一起清理掉。

【提示】 在养殖蚯蚓的过程中，不要喂被农药污染的饲料，不要用被农药污染的水喷淋蚓床，饲料最好完全发酵后再投喂。

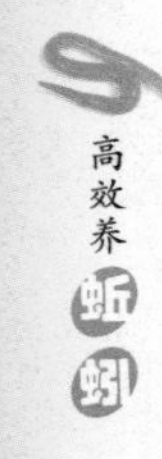

二 蛋白质中毒症

【病因】 投喂的饲料搭配不均，含蛋白质的饲料投喂过量，或饲料发酵不完全，导致碳氮比例失衡，或含氮饲料过量，都会造成蚯蚓蛋白质中毒（彩图20）。

蚯蚓蛋白质中毒的原因、症状及处理方法

【症状】 患病初期的蚯蚓拒食，不愿动，即使用手去触碰和暴露于光下也不会动，或行动缓慢，身体出现大小不一的结节，微红肿，分泌体液，特别是环带要比其他结节红肿得厉害；中期身体出现痉挛、扭曲，部分节段开始变白；后期全身变白、衰竭而死亡。

【防治方法】 在巡查过程中发现饲料剩余较多，应立即扒开基料查看，若发现为蛋白质中毒初期，则应立即松床，投喂新鲜的牛粪，若投喂几次牛粪后蚯蚓状况得到改善或恢复正常，则无须换床；若是为中后期症状，则在松床后将基料厚度减低，用石灰水喷淋，并在旧基床两侧铺设完全发酵好的新基料，待病蚓慢慢转移至新基料中，再将旧基料连同死亡的蚯蚓一起清理掉即可。

三 食盐中毒症

【病因】 饲料中配入含盐量过高的物质，或是养殖床设在盐碱地上，均会引起食盐中毒反应。

【症状】 蚯蚓共济失调，头尾快速地向内和向外摆动、挣扎，半小时内身体便呈僵硬状，体表无渗透液溢出，也无肿胀的现象，最后全身变白而衰竭死亡。

【防治方法】 松床，降低基料厚度，并用稀释的红糖水或0.3%~0.5%的醋酸钾溶液喷淋。严重的则在基床两侧铺设完全发酵好的新基料，待蚯蚓逃至新基料后，再将旧基料全部清理掉。

【提示】 此症状与蛋白质中毒相似，应注意区别，对症处理。

四 胃酸超标症

【病因】 养殖基料的pH失衡，为偏酸性，或基料发酵不完全，或投喂红薯、木薯等淀粉含量较高的饲料，蚯蚓进食后在弱酸的环境下产生二次发酵，导致胃酸超标（彩图21）。

【症状】 患病初期的蚯蚓拒食，并出现外逃现象，整体敏感度降低，敏捷度也降低，体表暗淡无光泽，并分泌少量体液，开始出现共济失调，行圈式爬行；中期整条蚯蚓出现变短、变小症状，环带红肿，分泌的体液也开始增多，并开始出现死亡；后期则出现大量死亡。

【防治方法】 在日常管理中常检测基床的pH，投喂的饲料要完全发酵，投喂前检查饲料的酸碱度；发现病情后立即松床，用石灰等碱性物质兑水稀释后喷淋蚓床，以中和基料的pH；若是患病后期，则应更换新的养殖基料。

【提示】 若是养殖基料或饲料的碱度过大，蚯蚓也会患病和死亡，此时应用醋酸兑水喷淋基床，以调节pH。

五 缺氧症

【病因】 久不疏松蚓床，或久不清理蚯蚓粪，或投喂的饲料太厚、残料过多，或浇水方式不对，部分基床出现积水，导致基料板结、透气性差，或投喂的饲料未完全发酵，二次发酵后产生的有毒气体无法及时排出，或基料湿度过大，在72%以上，导致蚯蚓用于呼吸的气孔受阻而无法换气等，都会缺氧。

【症状】 蚯蚓集中在基床两侧；未能爬至基床边的，其敏感度降低，体色暗淡无光，偏浅红色或粉白色。

蚯蚓缺氧的原因、症状及处理方法

【防治方法】 发现问题后及时用疏齿铁耙松蚓床，清理残食、蚯蚓粪，将板结的基料敲碎。死亡过多时，则更换新的基料。平时定期疏松蚓床，清理蚯蚓粪及残食，投喂饲料时薄薄撒一层即可。

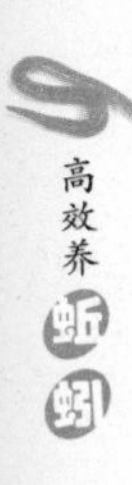

六 萎缩症

【病因】 蚯蚓进入老龄化，或投喂的饲料单一而致其营养不良，或蚓床基料酸碱度失衡，或养殖密度大等，均会造成蚯蚓萎缩。

【症状】 患病的蚯蚓灵敏度下降，进食少或不进食，蚯蚓体长比平时或相邻床的要短且瘦，有的则是一端大小正常，一端细小，体色也无光泽。

蚯蚓萎缩症的原因及处理方法

【防治方法】 检测基料的酸碱度是否正常，若正常，则减少饲养密度，并加强营养，用不同的饲料轮换投喂。例如，今天用新鲜的牛粪拌豆渣投喂，明天用发酵好的酒糟拌牛粪投喂，后天用牛粪拌木薯渣或豆粉投喂，总之，投喂的饲料应多样化且营养。若投喂一段时间后未能治好萎缩症，则将蚯蚓作为商品蚓处理。

七 水肿病

【病因】 养殖基料发酵不完全，残食及蚯蚓粪未及时清理，蚓床湿度大，基料碱性过大，pH 在 7 以上。

【症状】 蚯蚓在患病初期拒食或少食；中期钻出土表或蚓床两侧，无活力；后期全身水肿，分泌大量黄色体液，蚓体膨胀爆裂而死亡。

【防治方法】 基料发酵完全，及时清理蚯蚓粪及残食，定期松蚓床，采用雾状式浇水，定期检查蚓床不同位置的酸碱度，发现问题，及时对症处理。更换新基料，在蚓床两侧铺上弱酸性新基料，待病情轻的蚯蚓爬入新基料后，再将旧基料连同死亡的蚯蚓或病重的蚯蚓一起清理掉，并进行消毒杀菌，待消毒后再将蚓床铺设好。

八 细菌性败血病

【病因】 带细菌的基料发酵未完全，用于铺设蚓床后在适宜的环境下暴发，或投喂的饲料过多致使残食过多，又不能及时清除，或投喂变质且带菌的饲料，在潮湿的环境下引发细菌繁殖，致使体弱或具有外伤的蚯蚓感染，并在蚯蚓群中进行传播。

【症状】 饲料剩余较多，扒开基料找不到死蚯蚓，也未见有蚯蚓逃离，但蚯蚓量在减少。蚯蚓在患病初期少量进食或拒食，行动迟缓，无力；中期蚓体水肿；后期蚓体在自身携带的溶解酶的作用下自动分解，味臭。

【防治方法】 基料完全发酵后再用来铺设蚓床或投喂；发酵好的饲料，取料后密封好，以防其氧化变质或感染细菌，若旁边有变质或感染细菌的则不得投喂。蚯蚓在患病初期，可将抗生素类药水稀释后喷淋蚓床；或在蚓床一侧铺设新基料，待蚯蚓爬至新基料后，再将旧基料全部清走，并用消毒水对旧蚓床进行消毒杀菌，待杀菌后再铺设蚓床。

九 真菌性疾病

1. 绿僵菌孢病

【病因】 基料原料携带绿僵菌孢病病菌，在发酵过程中基料发酵时间不够，或温度达不到，或发酵不彻底都会引发此病。此病菌生存于低温环境中，初春及冬季为高发期，在高温环境下繁殖力减弱。

【症状】 初期症状不明显，但患病的蚯蚓少量进食或拒食，活力下降；中期蚓体体表发白不能动弹；后期萎缩死亡，白色菌丝布满全身。

【防治方法】 基料和饲料完全发酵后再用于铺设蚓床或投喂。将拌有抗真菌的抗生素的新基料铺设于旧蚓床一侧，待患病初期的蚯蚓爬入新基料后，将旧基料连同死亡的蚯蚓及患病后期的蚯蚓一起清理掉，并对旧蚓床及时消毒杀菌，每天杀菌 2 ~ 3 次，待 1 周后再铺设新蚓床。

2. 白僵菌病

【病因】 基料发酵不完全，或投喂感染白僵菌的饲料，直接导致蚯蚓感染此病。

【症状】 患病初期的蚯蚓少量进食和拒食；中期表现为全身不规则的坏死，瘫痪；后期蚓体断为 2 节或 3 节，死后全身由白色菌丝包裹。

【防治方法】 与绿僵菌孢病的防治方法相同。

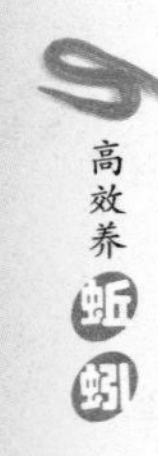

十 寄生虫病

蚯蚓的寄生虫病分为两大类，一类是蚓体内的寄生虫病，是直接寄生在蚯蚓体内，与蚯蚓共生的一类寄生虫所致；另一类则是蚯蚓体外的寄生虫病，是养殖基料和饲料所携带而引发的一类寄生虫病，即虫体只寄生于蚓床内的基料中而破坏蚓体或破坏养殖的环境而影响蚯蚓生活的寄生虫病。管理得当完全可以防止此病的发生。下面重点介绍蚯蚓体外寄生虫病的防治。

1. 黑色眼菌蚊

【病因】 带有黑色眼菌蚊虫卵的基料和饲料发酵不彻底，夏季为其活动及繁殖高峰期，会咬食蚓体、蚓茧，抑制蚯蚓产茧，降低幼蚓的成活率及降低基料的透气性，也会导致蚓床缺氧。黑色眼菌蚊体长在3毫米左右，呈灰黑色。

【防治方法】 更换新基料，对旧蚓床进行消毒。

2. 红色瘿蚊

【病因】 带有红色瘿蚊虫卵的基料和饲料发酵不彻底，在合适的温度下迅速繁殖，咬食蚓体，或抑制蚯蚓产茧及生长。红色瘿蚊外表呈鲜橙色，复眼大而黑，喜欢腐熟发酵的基料及饲料，繁殖力及适应力极强。

【防治方法】 同上述黑色眼菌蚊的防治方法。

3. 蚤蝇

【病因】 由附近其他禽畜类养殖场传播，或周边带蚤蝇的果树传播，或带有蚤蝇及其卵的基料发酵不完全，或饲料携带蚤蝇虫卵，用于铺设蚓床和投喂时，蚤蝇在合适的环境中迅速繁殖，严重影响和妨碍种蚯蚓产茧及其正常生活，抑制蚯蚓产茧，甚至直接伤害蚓体直至死亡。蚤蝇体长约9毫米，呈灰黑色，夏、秋季为活动盛期。该虫善跳，趋光性强。幼虫极喜腐败物质。

【防治方法】 同黑色眼菌蚊的防治方法。

4. 粉螨

【病因】 带有粉螨虫卵的基料和饲料发酵不彻底，在合适的温度下迅速繁殖，咬食蚓体或蚓茧，也会抑制蚯蚓生产蚓茧。粉螨体圆色白，须肢小而难见（彩图22）。

【防治方法】 将基料和饲料发酵腐熟透再铺设蚓床和投喂，及时清除残食。若是少量的粉螨，则可无须理会，或将炒香的食物置于蚓床上进行引诱，待食物沾满粉螨后拿出来用火烧，如此反复即可。若是粉螨太多，则应更换新基料。

【小资料】>>>>

感染寄生虫的蚓床最好不要使用灭虫药，用药不当会将蚯蚓一起杀灭。

5. 跳虫

【病因】 由附近其他禽类养殖场或本场看场狗传播，或带有跳虫及其卵的基料发酵不完全，或饲料携带跳虫卵，用于铺设蚓床和投喂时，跳虫在合适的环境中迅速繁殖，直接伤害蚓体至死。其形如跳蚤，尾部较尖，具有弹跳能力，体表有油质，可浮于水面。幼虫形同成虫，色白，休眠后脱皮而转为银灰色。卵为半透明的白球状，产于基料表层。

【防治方法】 同粉螨的防治方法。

6. 猿叶虫

【病因】 带有猿叶虫卵的基料发酵不完全，或饲料携带猿叶虫卵，用于铺设蚓床和投喂时，猿叶虫在合适的环境中迅速繁殖，直接啃食蚯蚓或蚓茧。

【防治方法】 同粉螨的防治方法。

——第九章——
蚯蚓的采收、运输及加工

第一节 蚯蚓的采收

采收蚯蚓并销售出去，获得经济效益，是养殖蚯蚓的主要目的之一。因此，当蚯蚓养殖到一定的时间，生长为成蚓且密度在增大时，便可采收蚯蚓。

蚯蚓有同代同居，隔代不同居的习性。在人工养殖条件下，食物充足生活环境适宜，蚯蚓的繁殖较快，繁殖率也较高，大小混养和隔代同床养殖是每个蚯蚓养殖场无法避免的事。因此，当“儿子”辈蚯蚓生长为成蚓，巡查发现养殖密度增大，养殖床两侧有较多的成蚓时，这时就要进行采收或分床工作了。

有些养殖户会认为，想发展扩大规模，但没有多余的场地，就这么高密度养着，一样可以产茧，孵化出幼蚓。但在高密度养殖条件下，蚯蚓繁殖率不但不能提高，反而会降低，管理稍不到位，就易造成疾病的发生，且已长成的成蚓不但不会增重，反而会出现消瘦、萎缩，浪费饲料。因此，蚯蚓生长为成蚓时及时采收才会提高经济效益。

一 采收时间

1. 养殖场的蚯蚓采收时间

全年除冬季外，其余时间均可采收蚯蚓，但由于春季和秋季是蚯蚓的繁殖期，除商品蚓外，种蚯蚓最好不采收，除非有养殖户订购，若是养殖密度增大，便可以进行分床饲养。商品蚓的具体采收时间应根据蚯蚓的生长及饲养密度来决定，当蚯蚓生长为成蚓时，且基床养殖密度过大，一些大的蚯蚓会集中在养殖床两侧，这时就可以进行采收或分床。

2. 野生蚯蚓的采收时间

为避免蚯蚓近亲繁殖或提高蚯蚓的繁殖率，很多养殖场会到野外捕捉野生蚯蚓回场进行杂交优育，但不知道什么时候采收最好。其实野生蚯蚓和人工养殖蚯蚓的生物学习性是不变的，一年四季都可产茧，但因春、秋两季的温度较适合，不高不低，为产茧旺盛期，因此野外采收蚯蚓一般都挑选春、秋两季。在野外的菜园、肥沃的老树下，将榨油余下的花生麸或茶麸或醋酸或石灰水兑水浇到有团状蚯蚓粪多的地方，待蚯蚓爬出来直接收入容器中即可。

二 采收方法

1. 清粪采收法

清粪采收法（图 9-1）也是养殖场目前普遍采用的一种采收蚯蚓的方法，方便、高效、简捷，清粪与采收一举两得。清粪采收法是在投喂的饲料消耗较快，而又无残食时，翻开基料养殖密度较大、较多蚯蚓生长为成蚓且养殖床两侧的基料上有较多的成蚓时（非缺氧等疾病造成的），即可进行采收。用塑料长柄扫把将最上面的蚯蚓粪轻轻扫去一层，待蚯蚓往下钻时，再将蚯蚓粪扫去一边，反复几次，待蚯蚓粪减少后，将蚓床两侧的蚯蚓用铲或桶收集到一起堆放到空地处，再用软毛刷将蚯蚓粪轻轻扫掉，即可把蚯蚓粪全部清理掉，将带少量蚯蚓粪或不带蚯蚓粪的蚯蚓用桶或麻袋装好，便完成采收。

图 9-1 清粪采收法

【提示】

① 收集在一起待最后清理蚯蚓粪的蚯蚓不可集中放在太阳下清理，以免紫外线照射导致蚯蚓分泌黏液，伤了蚓体，种蚯蚓繁殖率则会降低。

② 采收蚯蚓时，若是作为商品蚓，清粪时可清干净些；若是作为种蚯蚓，则无须清太干净，以免伤了蚓体。

2. 翻箱采收法

此方法仅针对采用盆、缸、泡沫箱等小容器养殖的蚯蚓。即在发现蚯蚓养殖密度大，也没有残食的情况下，利用蚯蚓怕光的习性，将盆搬到室外（但不可在太阳下直射），将盆里的蚯蚓连带蚯蚓粪一起翻倒在硬地上，倒出时蚯蚓就在最上面，直接装入容器即可，有往下钻的，轻轻扫掉上面的蚯蚓粪即可采收。采收好的商品蚓见彩图23。

3. 干燥采收法

干燥采收法也是比较简单、省工、省力的采收法。当发现养殖床的成蚓较多、密度较大，而床两则又不是有很多成蚓时，可采用此方法采收蚯蚓。即在蚓床两侧铺设湿度适宜的少量新基料，不再给旧蚓床基料浇水，当蚯蚓全部跑到新基料后，将旧基料清理并打包走，再将新基料上层的基料或蚯蚓粪刮掉，利用蚯蚓怕光的习性，一层层地把基料或蚯蚓粪扫掉，最后将蚯蚓装入容器即可完成采收。

4. 犁耙采收法

犁耙采收法适用于采用林下养殖、未开垄的耕地养殖、堆肥和坑式养殖等方式的采收。犁耕时将蚯蚓翻到表层，拾取即可。缺点就是采收不完全，耗费人力物力较高，且犁耙会伤到部分蚯蚓。

第二节　蚯蚓的运输

其他养殖户订购的种蚯蚓或药厂订购的商品蚓在采收好后，就需要进行打包运输出场，通常采用透气性好的麻袋、织袋、框和网纱袋等用具来进行打包。打包好后需进行运输，运输一般分为常温运输、高温运输、短途运输和长途运输。

一 商品蚓的包装运输

1. 小袋包装运输

此方法一般是应鸟类销售市场商家的要求打包，方便家养少量的观赏鸟、观赏鱼、观赏龟及用于钓鱼的客人购买。将采收好的蚯蚓装入带细孔的盒子或小的尼龙网袋里，然后在上面放上发酵完全的基料，喷上适宜的水量，盖上盖子。打包完后，再将小盒的蚯蚓放入大的塑料框内装车运输即可。路途短的在运输途中无须喷水，若是路途较远，则运输途中须到服务区进行喷水，特别是炎热的夏季，运输途中必须喷水，一是防止湿度不够，二是可起到降温的作用。

2. 大袋包装运输

商品蚓采用的是尼龙网袋包装运输，袋的规模通常长为 1.2 米、宽 0.6～0.75 米，包装时放入少量彻底发酵好的养殖基料，然后放入部分蚯蚓，再放入基料，即一层蚯蚓一层基料，基料的放入量为蚯蚓体重的 3 倍左右，打包后好将蚯蚓平铺于地上，不可竖放，以防氧气不足。装车时放入框中叠放，避免挤压。高温天气长途运输途中必须喷水，运输车体两侧可通风。

3. 筐式包装运输法

筐式包装运输法对于长途、短途均适合，可用藤编筐、柳编筐或是竹篾筐，筐的规格一般为长 0.75 米、宽 0.6 米、高 0.4 米。先在筐底放一层发酵好的新基料，再放入一层蚯蚓，然后再放入一层基料和蚯蚓，最上面放基料，且基料距离筐口约为 0.15 米。装车时，将筐交替叠放，若是短途运输，可直接将筐与筐码放一起，长途运输则需错开码放，夏季运输车体两侧最好有通风口。

二 种蚯蚓的包装运输

种蚯蚓是购买者为扩大养殖规模，或改良本场的蚯蚓群，以提高经济效益为目的而购买的，其价格也比商品蚓贵 1 倍甚至 3 倍，因此在打包及运输方面都不可马虎。

种蚯蚓一般用透气性好的大尼龙袋和大孔的框一起打包运输。在采收种蚯蚓时，清粪不可清干净，将种蚯蚓原基床上的基料放入袋中，再放入种蚯蚓，这样反复一层基料一层种蚯蚓。基料的放入量是种蚯蚓体重的5倍，即密度不可大。长途运输时可以放入新鲜的饲料，短途则无须放饲料。装袋时将袋平放于地上，装好后用绳子扎好口，平放到适宜的框里，再喷些水，喷水多少视基料的湿度而定。装车时袋子与框面边缘的距离在0.15米以上，框与框可平整码放而无须交错码放。否则不管是长途还是短途，均应把框交错码放。

【提示】 夏季运输蚯蚓时，不管是长途还是短途，打包时必须在袋中、框底和框中间放置几瓶固体冰。否则高温环境下蚯蚓会因无法逃离而死亡，并由自身携带的分解酶分解蚓体。冬季运输时可将蚯蚓的打包密度增大些。

第三节 蚯蚓的加工

一、蚯蚓加工前的处理

蚯蚓在加工前必须进行消毒等方面的处理工作，特别是在提取蚓激酶、蛋白质、地龙素或氨基酸时，在提取前不但要将蚯蚓清洗干净，还要进行全身彻底消毒杀菌处理，避免提取工具因沾染蚯蚓体表或体内的病菌而污染提取物。用于投喂鸟、鱼、龟及家禽的蚯蚓也应在投喂前进行清洗消毒，将蚯蚓体表的细菌、螨虫等寄生虫杀灭并清洗掉，以防疾病传播。一般养殖户对用于投喂鸟类、鱼类及家禽类的活体蚯蚓采用药物浸泡法进行消毒杀菌，而药厂或食品类厂则常采用紫外线、臭氧和电子消毒法对蚯蚓进行消毒杀菌，将提取物加工成产品后再采用钴60灭菌。

1. 药物消毒法

药物消毒法一般采用稀释的灭菌水或高锰酸钾溶液进行消毒。先用清水冲洗收集好的活体蚯蚓，待蚯蚓体表的污物冲洗干净后，再放入稀释的灭菌水或高锰酸钾溶液（稀释后的高锰酸钾水呈粉红色）中浸泡5分钟左右，然后捞起来用清水冲洗下即可使用。

2. 紫外线消毒法

紫外线消毒法是用紫外线灯具对清洗干净的活体蚯蚓进行照射消毒杀菌。此方法消毒的范围小，且蚯蚓在强光下会成团，开启紫外灯后也不能散开，裹在里面的病菌不一定能被杀灭。

3. 臭氧消毒法

臭氧消毒法即使用臭氧进行消毒的一种方法，利用空气强制对流氧气，弥漫扩散性循环消毒，对各种病菌有快速灭杀的作用。将体表清洗干净的活体蚯蚓放入盒子里，然后放入臭氧消毒柜中，将消毒柜密封关好，开启消毒键即可，1 小时后将消毒好的蚯蚓取出即可进行下一步的提取工作。或是将清洗干净的活体蚯蚓装在盆里，集中放入一个小房间，将臭氧沙头放入盆中（类似于鱼缸里的增氧沙头），臭氧机开启 45 分钟即可消好毒。其优点是不需要添加任何药物便可彻底杀灭蚓体内外的各种病菌等，且不伤到蚯蚓。

二 加工方法

蚯蚓的加工是指通过一些特殊的方法，从蚓体内提取各种药物和生化制品，如氨基酸、蚓激酶、地龙素等。从蚓体内提取的各种氨基酸和酶类，是一类极好的化妆品原料，由蚓体提取物制成的化妆品蚯蚓霜有促进皮肤新陈代谢、防止皮肤老化、增强皮肤弹性、延缓皮肤衰老的功效。蚯蚓的体腔液中还含有多种蛋白水解酶和纤溶酶，对蛋白质的分解有较强的活性。用蚯蚓的浸出液对久治不愈的慢性溃疡和烫伤都有一定的疗效。

对采收的蚯蚓及蚯蚓粪进行加工处理，因其用途和目的不同也就有不同的加工方法，下面具体介绍几种常见的。

1. 地龙干

将蚯蚓倒入盆中用清水浸泡、清洗干净，捞出后放在阳光下暴晒，或烘干，或放入真空冷冻干燥机冷冻干燥后即得地龙干。

（1）炒地龙 将蚯蚓清肠并清洗干净后放入加温至 60℃ 的锅内快速地翻炒，炒至用手轻轻一折就断即可，取出放凉，用防潮袋装好备用。

（2）酒地龙 将黄酒倒入装有已清肠并清洗干净的蚯蚓容器里，搅拌后放入加热至 65℃ 的锅内翻炒，炒至表面呈棕色，轻轻一折就断即可，出锅放凉后装入防潮袋即可。

（3）滑石粉制地龙 先将滑石粉放入锅内炒至 60～65℃，再将已清肠并清洗干净的蚯蚓放入锅内快速地翻炒，炒至蚓体鼓起，用手轻

轻一折就断即可，取出放凉，去除表面的滑石粉末，用防潮袋装好备用。

（4）甘草水制地龙 将粗碎的甘草放入锅中，加水大火煮开5分钟后转小火煮成浓汁，而后放入已清肠并清洗干净的蚯蚓，浸泡1~2小时后捞出，晒干后装入防潮袋备用。

2. 蚯蚓粉

先将采收的蚯蚓清洗干净后放至烘干箱内烘干或进行冷冻干燥，再将干燥后的蚯蚓放入粉碎机或研磨机中粉碎、研磨，加工成粉状。也可以用冷冻干燥机在低温真空状态下把蚓体内的水分干燥掉而获得蚯蚓的干体，利用这种冷冻干燥的方法加工成的粉末，其营养成分保持不变，可以直接用于提取蚓激酶及地龙素等，也可与其他饲料混合，加工成复合颗粒饲料，也可以较长时间地保存和运输。

3. 蚯蚓浸出液

将采收的鲜蚯蚓500克放入低浓度盐水中，待其清肠干净后，清洗掉蚓体表面的污物，放入干净的容器中，再加入125克白糖，搅拌均匀，经1~2小时便可得到350毫升蚯蚓体腔的渗出液，然后用纱布过滤，经离心机高速离心后得到深咖啡色液体，再经高压高温消毒，便可置于冰箱内长期贮存备用。

4. 蚓激酶的提取

在不适的温度和刺激的环境里而又无法逃离的情况下，蚯蚓体内的蚓激酶能使自身溶解。

蚓激酶的提取法，采用最多的是丙酮抽提法，当然，条件好的实验室、药厂和化妆品公司等机构的设备更先进，会采用更方便、快捷和科学的提取方法。丙酮抽提法的步骤如下。

将去泥清洗干净的蚯蚓放入打浆机，加入冰块，高速打浆1.5分钟，取出过滤，加入4倍体积的丙酮液（丙酮液需在-10℃的超低温冰箱内预冷），充分搅拌后放入-20℃的超低温冰箱内溶解。取出后用针筒吸出上面的丙酮液，高速离心10分钟后，收集沉淀，加入预冷的（-10℃）10%的三氯乙酸溶液进行充分溶解，离心，收集上清液，预冷后放入真空冷冻干燥机中8小时左右即可得到粗品。

5. 蚯蚓粪

每天清理蚓床收集的蚯蚓粪湿度一般在65%~70%，在打包装袋前应堆放在一旁，经24小时使水分蒸发到湿度为60%~65%再装袋。这个湿度的蚯蚓粪，不管是用于施肥还是用于吸附重金属以改良土质都是较理想的，并且采用简易塑料袋包装即可（图9-2和图9-3）。但在花卉市场上出售的精装小袋蚯蚓粪，很多商家会将蚯蚓粪干燥并过筛，除掉大的颗粒和一些杂质，把湿度降到50%~55%再打包装袋，每吨价格比湿度为60%~65%未经任何处理的高出800元左右。

图9-2　正在打包蚯蚓粪

图9-3　包装好的蚯蚓粪

蚯蚓粪的用途很广，一方面蚯蚓粪是优质高效的有机肥，也是一种土壤改良剂；另一方面它也是一种能促进畜禽生长的饲料。

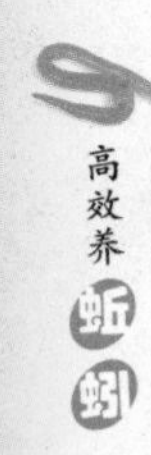

【小经验】>>>>

可根据包装袋的口径和长度，自制几种规格的铁框，装蚯蚓粪时，把包装袋套在铁框上，更方便打包（图9-2）。

三 贮存

先在用于贮存地龙干的防潮塑料框或是玻璃瓶底部平整地放一层木炭，然后将用防潮袋装好的地龙干整齐地码放在木炭上，再在空隙处放几块木炭，撒几粒花椒（防虫），加盖好，最后在框盖连接处用封口胶封上，置于干燥处即可。

第十章
蚯蚓及蚯蚓粪在种养业上的应用

第一节　蚯蚓在养甲鱼上的应用

甲鱼是鳖的俗称，又称水鱼、圆鱼、团鱼、脚鱼、神守等，包括中华鳖、山瑞鳖、鼋、小鳖、珍珠鳖等，目前养殖的主要是中华鳖。有一种黄沙鳖，其实是中华鳖的一个地方品种，主产于广西壮族自治区。甲鱼肉质鲜美，蛋白质含量高，补肾强身，滋阴除热，破结软坚。

一　养甲鱼的场地设计

1. 选址

甲鱼人工养殖的场地应选择在水源充足、背风避雨、无环境污染、无噪声干扰的地方建造。

2. 亲甲鱼池

亲甲鱼池（图 10-1）应修建在养殖场中最僻静之处，因地制宜，一般大小以 100 米^2 左右为宜，如果是庭院式养甲鱼则以 10 米^2 左右为宜，池深 1～1.5 米，在池底铺一层厚度为 25～30 厘米的软泥，池边要有堤坡，坡度以 30 度为宜，产卵场约占整个池面积的 1/4 左右，沙与土各占一半，沙土厚 30～40 厘米。

3. 稚甲鱼池

刚孵化出至 10 克以下的甲鱼为稚甲鱼。稚甲鱼池的面积为 10～20 米^2，在池的上部搭一个遮阴棚，池深 50 厘米，水深 20 厘米，在池底铺一层 10 厘米厚的细沙，池边有 30 度的斜坡，休息场要占全池面积的 1/5。

4. 幼甲鱼池

体重 10～100 克的甲鱼为幼甲鱼。幼甲鱼池的面积为 10～50

米^2，池深应为0.8～1米，在池底铺5厘米厚的软土或细沙，池两端也应设休息场所。

图10-1　亲甲鱼池

5. 成甲鱼池

甲鱼长到100克以上一般称为成甲鱼。成甲鱼池（图10-2）面积为50～100米^2，池深1.5米，水深1米左右，在池底铺10～25厘米厚的软土或细沙。应多建几个成甲鱼池以便分池饲养。

图10-2　成甲鱼池

二 甲鱼的人工繁殖技术

1. 选择亲甲鱼

亲甲鱼的年龄要在4年以上，体重在1千克以上，最好为2～4千克，外形正常，皮肤光亮，活泼健康，无伤无病。选择时，应遵循

"看、翻、摸、放"的原则。看就是观察甲鱼身体表面有没有外伤，眼睛、四肢、尾巴等是否齐全；翻就是把甲鱼身体翻过来，腹面朝天，如果甲鱼能够翻回去，背面朝天，就是好甲鱼；摸就是用手轻轻触摸甲鱼的颈部是否有钓钩；放就是把甲鱼放到水里，甲鱼能很快游走、逃跑、潜入水底，就是好甲鱼。

2. 雌雄鉴别

雌甲鱼的尾巴短于裙边，雄甲鱼的尾巴长于裙边。

3. 雌雄投放比例

主要看雄甲鱼是否健壮，一般雌雄比例为 4:1，即 1 只雄甲鱼配 4 只雌甲鱼。

4. 人工孵化

6~7 月获得的卵质量最好。将收集到的甲鱼卵集中到荫蔽处放置 6~10 小时，卵壳表面便出现一个白色区（动物极）。可以把沙地做成斜面，在沙地的斜面下端埋一个小水缸，按动物极朝上摆放甲鱼卵。也可将甲鱼卵取出来，用泡沫箱、木箱、塑料箱等进行孵化（图 10-3），孵化材料有沙子、蛭石、疏松的黄泥等，现在还有一种无沙石孵化技术。孵化过程中温度保持在 30~32℃，相对湿度保持在 80%~85%，沙子或蛭石含水量在 7%~8%，一般 40~50 天便可出壳。甲鱼的孵化积温达到 36000℃·小时就可出壳了，如用 30℃孵化 50 天时（30℃×50 天×24 小时/天=36000℃·小时）便可人工诱导出壳。

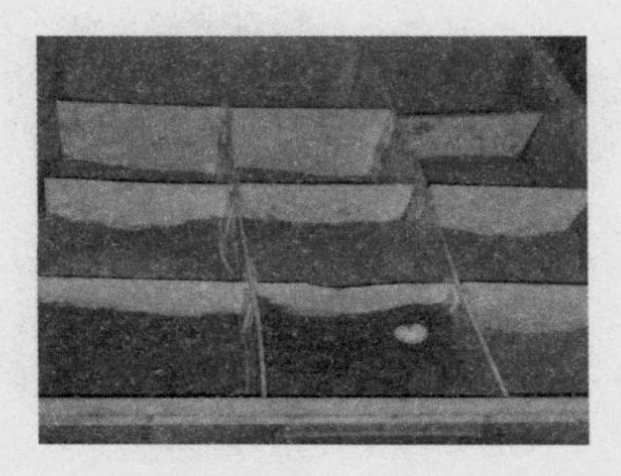

图 10-3　甲鱼的孵化箱

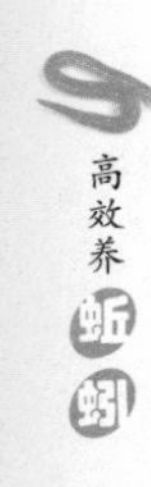

三 用蚯蚓喂养甲鱼的技术

1. 甲鱼的饲料

1）普通饲料。普通的甲鱼饲料主要有畜禽内脏、河蚌、猪血块、螺蛳、小杂鱼虾、大豆、瓜类和蔬菜等。

2）一般人工甲鱼饲料。配方为鱼粉60%～70%、马铃薯淀粉20%～25%及少量添加剂（如脱脂大豆饼、干酵母粉、血粉、矿物质、复合维生素及微量元素等）。

3）甲鱼专用人工饲料。目前市场上还有专门的甲鱼专用人工饲料，一般为粉料。

2. 将蚯蚓添加到普通甲鱼饲料中喂养甲鱼

将蚯蚓添加到普通甲鱼饲料中养甲鱼，一般采用鲜活蚯蚓（图10-4）。先将畜禽内脏或小杂鱼虾50%与瓜果蔬菜50%最好有番茄混合，适当加些多维和矿物质，用搅碎机搅碎并搅拌均匀，成为普通甲鱼混合料。然后按照鲜活蚯蚓10%～15%、混合料85%～90%的比例混合（注意蚯蚓不能死亡、发臭、变质），加入饲料用的黏合剂，再用搅碎机搅碎并搅拌均匀，便得到添加蚯蚓的普通甲鱼饲料。

投喂添加蚯蚓的普通甲鱼饲料应采取“四定”原则（定时、定点、定质、定量）。将添加蚯蚓的普通甲鱼饲料捏成拳头大小的团状，成甲鱼每天投喂1次，幼甲鱼每天投喂2次。饲料应放在甲鱼池的饲料台上面，使甲鱼养成定点吃食的习惯。注意饲料不能乱投到甲鱼池里，应当天制作、当天喂完，不能发霉、发臭、变质、腐败。按照甲鱼池里面的甲鱼体重计算，日粮投喂量为其体重的5%左右，投喂的饲料，以1小时吃完为准，如果投喂饲料后，甲鱼几分钟就将饲料吃完了，说明投喂得太少了，如果几个小时还没有吃完，就说明投喂得太多了。

将蚯蚓添加到普通甲鱼饲料中养甲鱼，还有另外一种方法。就是先将畜禽内脏或小杂鱼虾50%与瓜果蔬菜50%（最好有番茄）混合，适当加些多维和矿物质，用搅碎机搅碎并搅拌均匀，成为普通甲鱼混合料。先投喂这种混合料（比例为85%～90%），经过1小时甲鱼将这种混合料吃完之后，再投喂鲜活蚯蚓（比例为10%～15%），这时鲜活蚯蚓不用搅碎，让甲鱼自由采食即可。

甲鱼的放养密度一般为每平方米 3～5 千克，水的透明度为 20～30 厘米，最好有微流水。

图 10-4　用来喂甲鱼的鲜活蚯蚓

3. 将蚯蚓添加到一般人工甲鱼饲料中喂养甲鱼

将蚯蚓添加到一般人工甲鱼饲料中喂养甲鱼，一般采用风干蚯蚓或干蚯蚓粉。先将鱼粉 60%～70%、马铃薯淀粉 20%～25% 及少量添加剂（如脱脂大豆饼、干酵母粉、血粉、矿物质、复合维生素及微量元素等）用搅拌机充分混合均匀，得到一般人工甲鱼饲料混合料。然后按照风干蚯蚓或干蚯蚓粉 10%～20%、混合料 80%～90% 的比例混合（注意干蚯蚓或干蚯蚓粉不能腐败、发臭、变质），加上饲料用的黏合剂，加适量水，再用搅拌机充分混合并搅拌均匀，便得到添加蚯蚓的一般人工甲鱼饲料。

添加蚯蚓的一般人工甲鱼饲料的投喂方法，与上述添加蚯蚓的普通甲鱼饲料一样，采取“四定”原则。该饲料切忌投喂过多，否则不仅造成浪费，还会引起甲鱼池的水质腐败，影响甲鱼的生长。

4. 将蚯蚓添加到甲鱼专用人工饲料中喂养甲鱼

将蚯蚓添加到甲鱼专用人工饲料中喂养甲鱼，一般采用干蚯蚓粉。先从饲料市场上购买甲鱼专用人工饲料，一般以粉料为主，然后按照干蚯蚓粉 8%～16%、甲鱼专用人工饲料 84%～92% 的比例混合（注意干蚯蚓粉不能腐败、发臭、变质），加适量水，再用搅拌机充分混合并搅拌均匀，便得到添加蚯蚓的甲鱼专用人工饲料。

添加蚯蚓的甲鱼专用人工饲料的投喂方法，与上述添加蚯蚓的

普通甲鱼饲料一样，采取“四定”原则。该饲料切忌配制过多，应该当天配制、当天喂完，否则饲料会腐败、发霉、变质，造成浪费。注意腐败、发霉、变质的饲料绝对不能再投喂甲鱼，否则会引发疾病。

四 用蚯蚓喂养甲鱼时的疾病防治

只要按照科学的养殖方法，甲鱼一般不会发生病害。养殖过程中要按照“全面预防，无病先防，有病早治，防重于治”的原则，使病害降低到最小限度。投喂蚯蚓或添加蚯蚓的饲料时，一定不能过多，否则引起水质腐败，引发疾病。注意养殖池、池水、喂养用具的消毒，一般养殖池、池水每个季度消毒 1 次，喂养用具每周消毒 1 次，搅拌机使用之后马上清洗消毒。

甲鱼常见的疾病有红脖子病、红底板病、腐皮病、白斑病、水霉病、疖疮病等，可以参考其他甲鱼养殖的资料进行治疗。

第二节 蚯蚓在养牛蛙上的应用

牛蛙又叫作“美国青蛙”“美洲沼泽绿蛙”“喧蛙”等，原产于北美洲。牛蛙肉质鲜美，每 100 克蛙肉中含蛋白质 19.9 克、脂肪 0.3 克，是一种高蛋白质、低脂肪、低胆固醇营养食品。牛蛙还有滋补解毒的功效，消化功能差或胃酸过多的人及体质弱的人可以用来滋补身体。牛蛙可以促进人体气血旺盛，精力充沛，有养心安神补气的功效。蛙皮是制作高级皮革的优良原料，蛙油可用来制作高级润滑油。

一 养牛蛙的场地设计

1. 选址

牛蛙人工养殖的场地应选择在昆虫生长繁盛、潮湿阴暗、水源充足、背风避雨、无环境污染、无噪声干扰的地方建造。

2. 亲蛙池

亲蛙池又叫作“种蛙池”“产卵池”，是牛蛙抱对、产卵的地方。亲蛙池的面积可以根据实际场地而定，一般为 100～150 $米^2$，可以分为陆地和水面两个部分，陆地和水面的面积各占 1/2。水面又分为深水区、浅水区两个部分，面积各占 1/2。深水区为 60～100 厘米深，主要供牛蛙游泳运动；浅水区为 50～10 厘米深，主要供牛蛙抱对和产卵。亲蛙池的四周做成 30 度左右的斜坡，在陆地上栽种蔬菜、低矮的果树或草木。亲蛙池中要种一些金鱼藻、伊乐藻、狐尾藻、轮叶黑藻等水草，便于蛙卵附着，也有利于净化水质，在池中每隔几米设置 1 个饲料台。每个亲蛙池周围要建好防逃墙或防逃网。

3. 孵化池

一般建成水泥池，方便操作和管理，面积为 5～10 米^2。在池的上部搭一个遮阴棚，池高 60 厘米，水深 40 厘米左右，在池底修建 5 度的斜坡，向排水口倾斜，以利于排水。在距离池面 15 厘米的地方设有溢水口，用纱网包住，以防加水过多时蛙卵流出去。

4. 蝌蚪池

蝌蚪池采用土池和水泥池均可，水泥池的蝌蚪成活率较高，面积为 30～40 米^2，池高 80～100 厘米。蝌蚪池的池边要建成斜坡，便于蝌蚪变态时上岸呼吸、登陆，如果没有斜坡会造成刚变态的幼蛙不能上岸而造成大量死亡。水深要根据蝌蚪的大小而定，蝌蚪小的时候水浅一些，水深 30 厘米左右；蝌蚪较大的时候池水较深些，水深 60 厘米左右。蝌蚪池中要设置饲料台，也要种一些金鱼藻、伊乐藻、狐尾藻、轮叶黑藻等水草，便于蝌蚪休息。

5. 幼蛙池

幼蛙池（图 10-5）用于饲养变态后 2 个月以内的幼蛙，采用土池、水泥池均可，以土池为好，造价低，接近牛蛙生长的自然环境，天然饵料丰富。幼蛙池面积为 40～50 米^2，池高 100 厘米左右，要多建一些，以便大小分级饲养，因为幼蛙会有以强欺弱、大蛙吃小蛙的现象。幼蛙池的水深，开始时以 20 厘米为宜，随着蛙的长大，水也加深，最深可达 80 厘米左右。池中设置饲料台，也要种一些金鱼藻、伊乐藻、狐尾藻、轮叶黑藻等水草，便于幼蛙休息。池的四周要有陆地，在陆地上种植蔬菜、果树、花草等，既为幼蛙提供栖息环境，又能招引昆虫，增加活饵料。池的周围要建好防逃墙（网）。

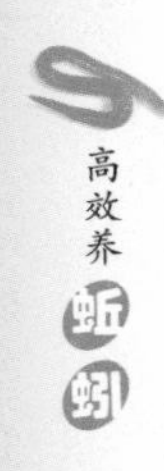

图 10-5　幼蛙池

6. 成蛙池

成蛙池（图 10-6）是商品蛙的饲养池，面积要因地制宜，可大可小。目前采用较多的是土池，长 26 米、宽 5 米、深 80 厘米，放水深 50 厘米左右，适合高密度饲养商品蛙。池中放置塑料浮板，供牛蛙栖息，周围建好防逃墙（网），搭建遮阴棚。入水口、排水口要大一些，并且入水口、排水口都要加网。

图 10-6　成蛙池

二 牛蛙的人工繁殖技术

1. 选择亲牛蛙

亲牛蛙以年龄在 1 年以上、体重在 250 克以上为宜，最好达到

400 克，外形正常，皮肤光亮，活泼健康，无伤无病。观察身体表面有没有外伤，有没有白斑、白点，眼睛、四肢等是否齐全。

2. 雌雄鉴别

雌牛蛙的耳的鼓膜直径长度等于眼睛的直径长度，咽喉部呈灰白色，前肢拇指内侧没有婚垫（婚瘤）。雄牛蛙的耳的鼓膜直径长度大于眼睛的直径长度（大 1.5 倍），咽喉部呈金黄色，前肢拇指内侧有婚垫（婚瘤）。

3. 雌雄投放比例

主要看雄牛蛙是否健壮，一般雌雄比例为 1:1，即 1 只雄牛蛙配 1 只雌牛蛙，也有雌雄比例为 2:1 的。

4. 人工孵化

4～7 月获得的卵质量最好。将收集到牛蛙卵连同沾在一起的水草一起剪下，放置在孵化框里面，然后将孵化框吊在孵化池的水面上，用增氧泵充氧孵化。也可以不用孵化框，直接将牛蛙卵放入孵化池进行孵化，但是这种方法的孵化率比用孵化框的低。水的温度要保持在 18～24℃之间，孵化期间应注意换水和调节光照，3～4 天后牛蛙卵开始孵化出小蝌蚪。

三 用蚯蚓喂养牛蛙的技术

1. 牛蛙的饲料

1）牛蛙蝌蚪饲料。蝌蚪食量很广，喜食口感适宜的水生小动物、浮游生物、微生物，以及猪或牛内脏（肺脏最佳）、鸡蛋黄、蔬菜屑、猪血、废弃食物、嫩草、玉米面、豆粉和麦麸等。

2）生态养殖牛蛙饲料。生态养殖的牛蛙，喜食蛾类、蜗牛、蛞蝓、地蚕、蝇蛆、白蚁、蚯蚓等，可在养殖场内设置黑光灯诱虫以供牛蛙捕食，但牛蛙长得较慢。

3）普通人工牛蛙饲料。配方为猪或牛内脏（肺脏最佳）50%～60%、玉米面或麦麸 40%～50% 及少量添加剂（如矿物质、复合维生素及微量元素等）。

4）牛蛙专用人工饲料。目前市场上还有专门的牛蛙专用人工饲料，一般为颗粒料。

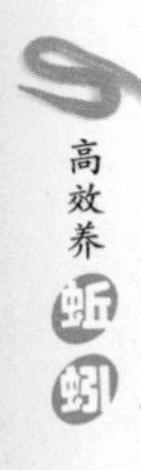

2. 将蚯蚓添加到牛蛙蝌蚪饲料中喂养牛蛙

将蚯蚓添加到牛蛙蝌蚪饲料中喂养牛蛙，一般采用鲜活蚯蚓。先将猪或牛内脏45%、鸡蛋黄5%与玉米面或麦麸50%混合，适当加些多维和矿物质，用搅碎机搅碎并搅拌均匀，成为牛蛙蝌蚪混合料。然后按照鲜活蚯蚓15%~20%、混合料80%~85%的比例混合（注意蚯蚓不能死亡、发臭、变质），加上饲料用的黏合剂，再用搅碎机搅碎并搅拌均匀，便得到添加蚯蚓的牛蛙蝌蚪饲料。

投喂添加蚯蚓的牛蛙蝌蚪饲料应采取“四定”原则。蝌蚪在水里面运动，新陈代谢旺盛，每天投喂4次，早上、中午、下午、晚上各投喂1次。将添加蚯蚓的牛蛙蝌蚪饲料捏成拳头大小的团状，放入簸箕上或者浅的喂料框上，吊在水面下20厘米处，让蝌蚪自由采食并养成定点吃食的习惯。注意饲料不能乱投到蝌蚪池里，应当天制作、当天喂完，不能发霉、发臭、变质、腐败。按照蝌蚪池里面的蝌蚪体重估计，日粮投喂量为其体重的5%~8%。饲养密度为：刚孵化的蝌蚪每平方米2000~4000只，20日龄的蝌蚪每平方米500~1000只，1月龄的蝌蚪每平方米200只。水的透明度为20~30厘米，最好有微流水。

3. 将蚯蚓添加到生态养殖牛蛙饲料中喂养牛蛙

将蚯蚓添加到生态养殖牛蛙饲料中喂养牛蛙，一般采用鲜活蚯蚓。利用昆虫的趋光性，设置2盏黑光灯诱虫。在牛蛙池上面4~5米的高处设置1盏黑光灯，可把方圆几千米的蛾类、蝗虫、蚱蜢等昆虫引诱过来；再在离蛙池水面20厘米出放1盏黑光灯，可把从远处引诱过来的昆虫引下来，供牛蛙捕食。由于引诱的昆虫数量不固定，牛蛙会时饱时饥，所以添加蚯蚓是很好的办法。把鲜活蚯蚓清洗干净，按照牛蛙体重的5%投喂，每周投喂1次即可。生态养殖的牛蛙，养殖密度不宜太大，以每平方米投放1千克较好。平时注意水温，保持在20~30℃，还要注意水质管理，保持水的透明度为20厘米，最好有微流水。

4. 将蚯蚓添加到普通人工牛蛙饲料中喂养牛蛙

将蚯蚓添加到普通人工牛蛙饲料中喂养牛蛙，一般采用风干蚯蚓或干蚯蚓粉。先将猪或牛内脏（肺脏最佳）50%~60%、玉米面或麦麸 40%～50% 及少量添加剂（如矿物质、复合维生素及微量元素等）用搅拌机充分混合并搅拌均匀，得到普通人工牛蛙饲料混合料。然后按照风干蚯蚓或干蚯蚓粉 15%～20%、混合料 80%～85% 的比例混合（注意干蚯蚓或干蚯蚓粉不能腐败、发臭、变质），加上饲料用的黏合剂和适量水，再用搅拌机充分混合并搅拌均匀，便得到添加蚯蚓的普通人工牛蛙饲料。

投喂添加添加蚯蚓的普通人工牛蛙料，也采取“四定”原则。早上和下午各投喂 1 次。该饲料切忌投喂过多，否则不仅造成浪费，还会引起牛蛙池的水质腐败，影响牛蛙的生长。饲养期间要注意密度、温度、水质的管理。

5. 将蚯蚓添加到牛蛙专用人工饲料中喂养牛蛙

将蚯蚓添加到牛蛙专用人工饲料中喂养牛蛙，可以采用干蚯蚓粉，也可以采用鲜活蚯蚓。先从饲料市场上购买牛蛙专用人工饲料，一般以颗粒料为主，然后按照干蚯蚓粉 8%～10%、牛蛙专用人工饲料 90%～92% 的比例混合（注意干蚯蚓粉不能腐败、发臭、变质），充分混合均匀后得到添加蚯蚓的牛蛙专用人工饲料。

投喂添加蚯蚓的牛蛙专用人工饲料时，也采取“四定”原则。早上和下午各投喂 1 次。该饲料切忌配制过多，应该当天配制、当天喂完，否则饲料会腐败、发霉、变质，造成浪费。注意腐败、发霉、变质的饲料绝对不能再投喂牛蛙，否则会引发疾病。

如果在用牛蛙专用人工饲料喂养牛蛙的过程中，添加鲜活蚯蚓，操作就比较简单。按照正常情况投喂牛蛙专用人工饲料，一般早上和下午各投喂 1 次，每周再按照牛蛙体重的 5% 投喂 1 次鲜活蚯蚓，保证每只牛蛙每周吃几条鲜活蚯蚓，牛蛙的生长增效就很明显。

四 用蚯蚓喂养牛蛙时的疾病防治

牛蛙的抗病能力比较强，一般不会发生病害。养殖过程中要按照“全面预防，无病先防，有病早治，防重于治”的原则，使病害降低到最小限度。蝌蚪较脆弱，如果操作不当，造成伤口，会使小瓜虫和霉菌侵染伤口。投喂蚯蚓或添加蚯蚓的饲料时，一定不能过多，否则引起水质腐败，引发疾病。当天配制的饲料，应该当天喂完。注意养殖池、池水、喂养用具的消毒，一般养殖池、池水每个季度消毒 1 次，喂养用具每周消毒 1 次，搅拌机使用之后马上清洗消毒。

牛蛙常见的疾病有红腿病、胃肠炎、车轮虫病、水霉病、气泡病、腐皮病、白点病等，可以参考其他牛蛙养殖的资料进行治疗。

第三节　蚯蚓在养鸡上的应用

一 养鸡的场地设计

1. 大棚养鸡的场地

大棚养鸡的场地应地势较高，有一定的坡度，干燥，背风向阳，坐南朝北，有利于光照、通风和排水。既要交通方便，又不能离公路主干道太近，一般要求距离主干道 1 千米以上。场内外的道路平坦，以便运输生产和生活物资。离水源要近，用水要考虑水量和水质，以地下水为好，水质清洁卫生，符合饮水卫生要求。鸡喜欢干燥，特别怕潮湿，因此在设计鸡舍时要充分注意通风、排湿。规模较大的养鸡场，一般分 4 个区，即管理区、生产区、鸡粪污物区、病鸡隔离区。

鸡舍面积大小，要因地制宜，同时要根据饲养方式和密度来确定。鸡舍的长度，一般取决于鸡舍宽度和管理的机械化程度。宽度为 8 米的鸡舍，长度一般为 50 米。宽度为 10 米的鸡舍，长度一般为 75 米。鸡舍的宽度不宜过大，开放式鸡舍的宽度在 9 米以内，自然通风能取得良好效果。机械化程度较高的鸡舍可长一些，但一般不宜超过 120 米，否则会增加机械设备的制作与安装的难度，也难找材料。鸡舍一般采用砖混结构，上面有顶棚。鸡舍建好之后用高锰酸钾和福尔马林混合熏蒸消毒。

2. 散养鸡的场地

散养鸡以采食嫩草、野菜、草籽、昆虫为主，自由饮水，以自然放牧饲养为主，适当补充人工饲料。野外放养、林下养殖、生态养殖、果园养殖等形式的养殖场地，建造过程简单，因地制宜，主要是注意做好防逃设施，建造几个小棚子作为鸡舍，能遮风挡雨，让鸡在下面乘凉。在场地内放置自动饮水器、大料桶、喷雾器等。

二 用蚯蚓喂养大棚鸡的技术

大棚养鸡一般投喂鸡全价饲料。将蚯蚓添加到鸡全价饲料中养鸡，可以采用干蚯蚓粉，也可以采用鲜活蚯蚓。根据所养鸡的特点，先从饲料市场上购买鸡全价饲料，如雏鸡全价饲料、青年鸡全价饲料、成鸡全价饲料、蛋鸡全价饲料等，一般以颗粒料为主。然后按照干蚯蚓粉12%~15%（雏鸡或蛋鸡可以放稍微多一点）、鸡全价饲料85%~88%（注意蚯蚓粉不能腐败、发臭、变质）的比例充分混合均匀，便得到添加蚯蚓的鸡全价饲料。

投喂添加蚯蚓的鸡全价饲料，也采取“四定”原则。根据雏鸡、青年鸡、成鸡、蛋鸡的具体情况进行投喂，保证正常饮水。该饲料切忌配制过多，应该当天配制、当天喂完，否则饲料会腐败、发霉、变质，造成浪费。注意腐败、发霉、变质的饲料绝对不能再投喂鸡，否则会引发疾病。

如果在用鸡全价饲料喂养鸡的过程中，添加鲜活蚯蚓，操作就比较简单。按照正常情况投喂鸡全价饲料，每隔3天按照鸡体重的3%投喂1次鲜活蚯蚓，鸡的生长增效就很明显。

产蛋鸡每天每只喂15~20克蚯蚓或按饲料量的12%~15%添加蚯蚓，同时减去10~15克日粮，可使鸡产蛋量提高7.8%，经济效益增加9.6%。对其他鸡可依其体重增减饲喂量，对其生长和增重都有很好的效果。

三 用蚯蚓喂养散养鸡的技术

虽然说散养鸡以采食嫩草、野菜、草籽、昆虫为主，但还是要每天添加一些精饲料。散养鸡精饲料的参考配方如下：玉米48%、小麦10%、稻谷15%、豆粕20%、菜饼5%、盐0.3%、钙磷粉1.4%、维生素0.1%、微量元素0.2%。

先把玉米、小麦、稻谷、豆粕、菜饼、盐、钙磷粉、维生素和微量元素充分搅拌均匀，得到散养鸡精饲料，然后按照干蚯蚓粉8%~14%（雏鸡或蛋鸡可以稍微多放一点）、散养鸡精饲料86%~92%的比例，充分混合均匀，便得到添加蚯蚓的散养鸡精饲料。

投喂添加蚯蚓的散养鸡精饲料，也是要采取“四定”原则。每

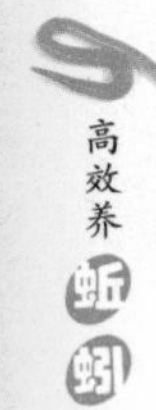

天投喂1次即可。在每天黄昏的时候将饲料投放到饲料槽里面，饲料槽固定摆放位置，让散养鸡一到黄昏就从四面八方回到饲料槽旁边吃食。

四 用蚯蚓喂养鸡时的疾病防治

首先要按照程序对鸡进行免疫。其次鸡群应定期驱除寄生虫，饲喂过蚯蚓的鸡，更应定期驱虫，正常情况下，可每年驱虫3～4次。采用发酵床养鸡时要定期消毒，防止寄生虫病到处传播，应用高效微生物制剂（EM菌），或1%～2%的氢氧化钠溶液，或中草药（如百部、大蒜等）作为消毒液，对鸡舍、活动场地等进行全面消毒杀菌；同时，也可将鸡粪和打扫的污物堆积起来发酵，以杀灭寄生虫的幼虫及虫卵，再做果肥或者农肥等肥料。另外，给鸡喂服0.01%的维生素C、鸡用益生菌，饮用葡萄糖水或者红糖水等提升免疫力，以增强鸡体对疾病的抵抗能力。

第四节 蚯蚓粪在种植火龙果上的应用

一 使用蚯蚓粪的火龙果特点

火龙果含有一般植物少有的植物性白蛋白及花青素，有丰富的维生素和水溶性膳食纤维，味道鲜美、清甜可口，营养丰富，功能独特。火龙果属于凉性水果，在自然状态下，果实于夏秋成熟，深受消费者的喜爱。目前一些火龙果种植基地施用蚯蚓粪，种出来的火龙果颜色鲜红、味道鲜美，每亩火龙果增产10%～20%，火龙果甜度增加30%左右，火龙果单果重增加10%左右，大果率增加8%左右。由于火龙果甜度增加，果大，颜色漂亮，卖相好，深受消费者的欢迎，销售价格就高。综合计算，使用蚯蚓类比普通农家肥每亩多收入1200～1800元。

二 种植场地的选择

火龙果种植园选择地势较高的平地、坡地、山地，灌溉方便，不被水淹，交通便利，水电通畅。

三 蚯蚓粪在火龙果苗木繁育上的应用

火龙果的繁殖方式主要有以下 3 种。

1. 种子繁殖

用火龙果的种子育苗，可以采用苗盘或者小杯，也可以在苗圃里进行。育苗基质采用一半果园土、一半蚯蚓粪，火龙果苗便能茁壮生长。由于火龙果属于攀缘性的仙人掌科植物，生命力非常顽强，茎随意弃置田边都能生根生长，因此商业栽培大多利用扦插方式进行繁殖，种子繁殖则多用于雨中繁殖和品种更新。

2. 扦插繁殖

直接将火龙果的肉质茎插在苗圃、田间，或者育出根后再进行扦插成为新植株的方式。扦插繁殖的育苗基质可以采用 2/3 的果园土、1/3 的蚯蚓粪，这样的火龙果苗长势良好。由于扦插繁殖容易且能保持母本特性，因此是火龙果最主要的繁殖方式，一般多利用每年生产季结束后修剪下的肉质茎作为繁殖体。

3. 嫁接繁殖

火龙果嫁接后容易成活，且嫁接方式非常多元，只要砧木、接穗的维管束能顺利连通，就能嫁接成功。嫁接苗的育苗基质也是采用 2/3 的果园土、1/3 的蚯蚓粪，这样的火龙果嫁接苗长得很健壮。常见的嫁接方式包括插接、嵌合接、平接、芽接及高位嫁接等，其中以插接和嵌合接较普遍且牢固，成活率也较高。

四 蚯蚓粪作为肥料的施用

用蚯蚓粪给火龙果施肥，既可以作为基肥使用，也可以作为追肥使用。根据施用的次数，有以下 3 种方法。

1. 一次施蚯蚓粪法

这种方法是把蚯蚓粪作为火龙果的基肥使用，每年施 1 次，蚯蚓粪便可以较长时期地供给火龙果植株多种营养。蚯蚓粪不但能从火龙果的萌芽期到成熟期均匀长效地供给营养，还有利于土壤理化性状的改善。

每亩火龙果植株需要 1 吨蚯蚓粪。在施用前，蚯蚓粪要先清除大块石头、玻璃、塑料等杂物，且发酵完全，无须担心烧根、烂根。在我国南方，施肥时间是每年的11～12月，这时的温度和湿度有利于微生物活动。从蚯蚓粪作为基肥开始施用到成为可吸收的状态需要一定的时间，因此蚯蚓粪应在温度尚高的秋季施用，这样才能保证其完全分解并为第二年春季所用。这时的蚯蚓粪肥效正值火龙果根系生长的第三次高峰，有利于伤根愈合和发新根。

蚯蚓粪的施用有2种方法。一是按火龙果植株整垄施用，即沿着挖一条20厘米深的浅沟，把蚯蚓粪放在浅沟里，然后盖上泥土；或者直接将蚯蚓粪施放在垄上，再用黑色塑料薄膜覆盖起来。另外一种是按火龙果植株施用，即沿其树冠滴水线开挖浅环状沟后施肥，尽量避免伤根，盖上泥土。

2. 二次施蚯蚓粪法

这种方法是把蚯蚓粪作为火龙果的追肥使用，每年施2次。每亩火龙果植株需要1吨蚯蚓粪。在施用前，蚯蚓粪要先清除大块石头、玻璃、塑料等杂物。在我国南方，施肥时间分别是每年的5月和9月，每亩火龙果植株每次施蚯蚓粪0.5吨。

具体施蚯蚓粪的方法同一次施蚯蚓粪法。二次施蚯蚓粪法对火龙果植株有很好的促花壮果的作用。

3. 三次施蚯蚓粪法

这种方法是把蚯蚓粪作为火龙果的基肥和追肥使用。在每年的11～12月、第二年的5月和9月各施蚯蚓粪1次，其中第一次每亩火龙果植株施蚯蚓粪0.3吨，第二次每亩火龙果植株施蚯蚓粪0.35吨，第三次每亩火龙果植株施蚯蚓粪0.35吨。

具体施蚯蚓粪的方法同一次施蚯蚓粪法。

第十一章 蚯蚓养殖场的经营管理

经营管理是指企业为了满足社会需要，为了自己的生存和发展，对企业的经营活动进行计划、组织、指挥、协调和控制。其目的是使企业面向用户和市场，充分利用企业拥有的各种资源，最大限度地满足用户的需要，取得良好的经济效益和社会效益。经营管理决定了一个企业的生存和发展。

经营与管理是两个不同的概念，它们是目的与手段的关系。经营是企业各项工作的一个系统，是围绕企业产品的投入、产出、销售、分配乃至保持简单再生产或实现扩大再生产所开展的各种有组织的活动的总称。在企业范畴内，经营就是生产经营，是指以市场为导向，以生产为中心，以产品为主要经营对象的企业经营方式，其着眼点是某个特定的市场供求关系。企业通过对市场需求及发展趋势的研究与预测，研制、开发、生产、销售其产品和服务。

管理是一种实践，其本质不在于“知”而在于“行”。管理是通过计划、组织、控制、激励和领导等环节来协调人力、物力和财力资源，以期更好地达成经营目标的过程。管理方式是解决如何进行管理的问题。企业的管理方式包括管理方法、管理手段、管理程序 3 个方面。

经过严密的市场调研和项目的可行性分析之后，才能够决策是否建立蚯蚓养殖场。蚯蚓养殖场一旦确定立项建设之后，经营管理就会贯穿其中，即从生产资料的准备阶段开始，一直到一个完整的生产周期结束为止。就一般的蚯蚓养殖场来说，经营管理的基本内容主要包括组织管理、计划管理、物资管理和财务管理。

一 组织管理

组织管理是指通过建立组织机构，规定职务或职位，明确责权关系，以有效实现组织目标的过程。组织管理应该使人们明确组织中有些什么工作，谁去做什么，工作者承担什么责任，具有什么权力，组织结构中上下左右的关系如何。建立章程，规定组织机构及其产生办法、职权、议事规则，只有这样，才能避免由于职责不清造成的执行障碍，保证组织目标的实现。由于蚯蚓养殖场的规模、属性、情况不同，组织机构不可能只是一种模式，要根据具体情况来构建组织机构。一般来说，部门设置和人员安排应尽量精简，非生产人员越少，经济效益就越高。建设和完善蚯蚓技术管理团队，不断提高生产管理能力，鼓励和发挥团队成员的积极性，储备高端技能型人才。

企业设置董事会、总经理、基地管理员、一线员工及临时工的组织框架，企业的经营管理在董事会的领导下开展工作。股东会由团队全体股东组成，是团队的权力机构，行使决定团队的经营方针和投资计划等 8 项职权。视蚯蚓养殖场的大小，可设置总经理，由股东会选举产生；总经理任期 3 年，任期届满，可连选连任；总经理行使召集股东会并向股东会议报告工作等 8 项职权。其下设生产部经理、销售部经理、库房部经理、行政部经理等。部门下面可以再设置车间或组或处，具体的设置要根据生产计划来定，各部门之间既有明确的分工，又要相互合作。总经理的主要职责就是决策、协调和整合资源，负责养殖场的全面管理，这就要求总经理的素质非常高，要求其有市场导向、实事求是、责任心、担当精神、诚实有信、风险控制的意识，还要有敢闯敢干的勇气和创新精神。总经理或养殖场经理对蚯蚓养殖场经营的成败负有领导责任。董事长是由投资最多的人担任，也可以兼任总经理。

部门经理行使主持基地的生产经营管理工作、组织实施股东会决议等 4 项职权。生产部经理要准确无误地完成蚯蚓的养殖加工计划，负责技术实施和监督完成生产计划，如畜禽粪便等原料的预处理和发酵，喂料、淋水、清粪、孵化等涉及生产的所有工作。销售部经理负责蚯蚓的销售工作，使蚯蚓及其衍生品、蚯蚓粪及其加工品的销售收入最大化，建立蚯蚓等产品的销售网络，提供售后服务，并进行市场跟踪和调研。库房部经理负责管理原辅材料和产品，根据生产销售情况，进行库存、订货、入库和监控，及时适量采购原材料交付给生产部门，并向销售部门提供充足的货源。行政部经理负责处理商务事宜，如招聘工人、工资和薪金结算、成本核算、营运分析、蚯蚓养殖技术培训、组织各种会务等。各部门经理必须明确自己的工作职责，负责组织、安排、指导、监督蚯蚓养殖场的员工完成生产计划，对于有技术要求的岗位，一定要把技术落实到位，保证产品质量。生产经理负责管理工人，包括工人考勤、工作汇报，安排每周及每天的进料、预处理、发酵、原料与蚯蚓粪遮盖避雨、出粪等具体工作，指导工人具体操作，轮流实时监督工人工作进度，协调各区的全场性工作。各部门经理的素质高低，直接影响蚯蚓养殖场生产经营的全过程，他们对蚯蚓养殖场经营的成败负有直接责任。

企业员工占蚯蚓养殖场人员的大多数，他们在生产第一线，是最直接的生产者。他们有各种用工形式，包括固定工、合同工、临时工、代训工和实习生。招工要求年满 18 周岁，身体健康，公开招聘，择优录用。各类人员有不同的待遇和工资，实行多劳多得的计件工资制度，或底薪加提成的工资制度，适时实行承包制，实行国家的劳动保险与福利，年终考核晋薪晋职，奖罚分明；员工需要与企业签订用工合同，保守企业秘密。企业依靠员工的智力和体力实现生产计划，员工依靠企业得到物质报酬和自身发展。企业和员工在岗位职责的责权利统一过程中实现双赢。企业员工要有吃苦耐劳的精神、负责任的态度、履行岗位职责、遵守企业制度，严格执行技术规程，不能偷工减料、找借口。而企业管理者要十分注重调动企业员工的主观能动性，合理安排和使用人员，使他们各司其职，合力共进，同时也要真心实意地关心他们，为他们排忧解难，不断创造良好的工作条件和环境。所有一线人员都要虚心学习基本理论、基本知识和基本技能，切实提高综合素质和生产能力，在岗期间实行定期学习制度，注重职工素质和劳动技能的提高；加强时间观念，提高工作效率；严格遵守技术规程，凡改变工艺参数、改建设施设备、发现异常情况等非技术规程明确要求的操作，必须事前请示，事后汇报；在工作期间，工具应妥善使用，不得随意丢弃或随意放置。按质按量发放个人劳保用品，切实保护员工的人身安全。员工的工作时间为每天 8 小时，每个月轮休 3 天，遇国家法定假日、婚假、产假、工伤假等，企业将给予有薪

假期。工作期间不能做影响工作的事情，包括闲聊、长时间打电话等情况。各岗位工作可责任到人，职责明确，加强执行力，杜绝工作拖拉，每天按照计划完成工作，不按照此岗位职责执行的，视作违规操作，会扣减相应的报酬。职责工作无计划、无效率、无时间观念、无主人翁精神并造成损失的，扣罚。企业对员工有聘用、处分、停职、升降职、调职及辞退等权利，并按照公平、公开、公正等竞争原则决定薪金待遇。各部门经理根据员工的平时表现情况，对员工的工作知识、工作态度、工作效率、工作主动性及合作性进行考核，并提出评语和建议，报总经理批准。合同期间，受聘人不得单方面解除本合同，若受聘人想单方面解除本合同，必须提前3个月提出书面辞职书；受聘人单方面解除合同时，不得享受当年的福利、奖金，已享受的应全额退回。受聘人从本企业辞职、离职、辞退或被除名后6个月内，受聘人不得直接或间接参与与本企业相竞争的同类业务，不得泄露本企业的商业机密，否则企业将扣除受聘人履约保证金作为处罚并要求赔偿本企业的损失。若受聘人离开企业6个月内能够遵守不竞争承诺，企业将在受聘人离开6个月时予以返还受聘人履约保证金，并予以3个月的基本工资补偿。

二 计划管理

计划管理就是计划的编制、执行、调整、考核的过程，是用计划来组织、指导和调节各企业一系列经营管理活动的总称。企业根据市场需求、企业内外环境和条件变化并结合长远和当前的发展需要，合理地利用人力、物力和财力资源，组织筹谋企业全部经营活动，以达到预期的目标和提高经济效益。要按照自然规律和经济规律的要求来做决策，根据蚯蚓养殖场确定的目标，制订各种计划，用以协调全部的生产经营活动。企业经营计划，按时间可分为长期经营计划、中期经营计划和短期经营计划；按管理层次可分为全厂经营计划、职能部门经营计划和车间经营计划；按计划内容又可分为供应、销售、生产、劳动、财务、产品开发、技术改造和设备投资等计划。

生产计划是计划管理的重点。蚯蚓养殖场对生产任务做出统筹安排，具体拟定蚯蚓及其衍生品的品种、数量、质量和进度的计划，是蚯蚓养殖场经营计划的重要组成部分，也是蚯蚓养殖场进行生产管理的重要依据，既是实现蚯蚓养殖场经营目标的重要手段，也是组织和指导蚯蚓养殖场生产活动有计划进行的依据。蚯蚓养殖场在编制生产计划时，还要考虑生产组织及其形式。但同时，生产计划的合理安排，也有利于改进生产组织。生产计划，一方面是为满足客户要求的三要素“交期、品质、成本”而计划；另一方面是为使企业获得适当利益，而对生产的三要素“材料、人员、设施设备”的确切准备、分配及使用的计划。

对于具体的蚯蚓养殖场地来说，要提前做出年度计划及季度计划，并要通过董事会的讨论通过后才能够最后成型。计划中包括的内容很多，比如总投资、月产量、年产量、营业额、利润等。

三 物资管理

物资管理是指企业在生产过程中，对本企业所需物资的采购、使用、储备等行为进行计划、组织和控制。物资管理的目的是，通过对物资进行有效管理，以降低企业生产成本，加速资金周转，进而促进企业盈利，提升企业的市场竞争能力。蚯蚓养殖场的主要物资管理有蚯蚓、饲料（如食用菌渣、酒糟）、药品、工具、设备、个人劳保用品、易耗品，以及蚯蚓、蚯蚓粪等，对这些物资的采购、贮存和发放都应建立台账，做到账物相符，及时记录登记，严格发放手续，妥善保管，防止变质、腐败。

四 财务管理

财务管理的目标是运用最佳方式处理企业经营过程中的财务活动和财务处理选择，使企业的经营效益达到最大化。企业财务管理的目标可以分很多种，比较有代表性的目标有企业利润最大化、股东财富最大化、资本配置最优化、企业价值最大化、企业资本的可持续增值性等。

1. 财务管理任务

财务管理的具体任务如下。

1）合理安排财务收支，使企业保持较强的支付能力和偿债能力。

2）以较低的资金成本和较小的筹资风险，为企业发展筹集到所

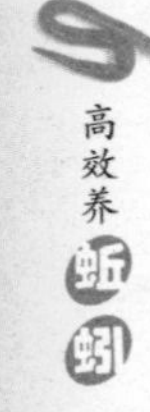

需要的资金。

3）合理运用资金，选择最佳的资金投向，加速资金周转，不断提高资金的利用效果，以尽可能少的资金投入，取得尽可能大的经营成果。

4）合理确定利润分配比例和分配形式，提高企业的盈利能力，提升企业的整体价值。

蚯蚓养殖场指定专人负责财务管理，记录并收取正规的财务发票，保管账本，每个月汇报1次；养殖场的小额开支可以采用备用金的方式支付；场地进原料、出蚯蚓粪等大额账目必须向领导报告。

2. 成本核算

成本核算是指将企业在生产经营过程中发生的各种耗费按照一定的对象进行分配和归集，以计算总成本和单位成本，通常以会计核算为基础，以货币为计算单位。成本核算是成本管理的重要组成部分，对于企业的成本预测和经营决策等有直接影响。进行成本核算，首先审核生产经营管理费用，看其是否发生，是否应当发生，已发生的是否应当计入产品成本，实现对生产经营管理费用和产品成本直接的管理和控制。其次对已发生的费用按照用途进行分配和归集，计算各种产品的总成本和单位成本，为成本管理提供真实的成本资料。

3. 盈利核算

企业销售产品取得的货币收入，在支付各项费用和扣除销售税金后，即为企业利润。企业利润应按规定缴纳所得税，此后对税后利润进行合理分配。

企业税后利润是指营业收入减去营业成本和费用（包括生产成本、管理费用、销售费用及财务费用），再减去营业收入应负担的税金后的数额。企业税后利润一般按以下顺序进行分配：一是弥补企业以前年度亏损；二是提取法定盈余公积金；三是提取公益金；四是向所有者分配利润。

五 技术操作规程及生产管理

1. 技术操作规程

技术操作规程要遵守蚯蚓的生活习性，即蚯蚓喜湿、喜温、喜静、怕光、怕盐，生长的适宜温度为15～25℃，湿度为60%～70%，

pH 为 6.5 ~7.5。蚯蚓为杂食性动物，喜吃甜、酸、咸的食物，讨厌苦味的食物。蚯蚓为雌雄同体，异体交配，一般 4 ~6 月龄性成熟。1 年内只要条件适宜便可陆续产茧，寿命为 1 ~3 年。蚯蚓养殖场的生产管理要根据技术操作规程来进行，原则上有以下几个方面。

（1）分期饲养 按蚯蚓发育阶段给予不同的养殖管理，是蚯蚓人工养殖取得高产的关键。传统的“几世同堂”混养法，会在采收时期出现蚯蚓大小不统一，已过最佳采收期的成蚓来不及采收，未成年蚯蚓造成浪费等。因此，人工养殖时，须建立专门种蚯蚓与繁殖蚓的划分。

（2）薄饲勤除 蚯蚓每 3 天投料 1 次，每个月除蚯蚓粪或翻倒蚓床 3 ~4 次，每次给料厚度为 5 ~10 厘米，始终保持蚓床通气性，增加蚯蚓产茧量，为蚯蚓创造最佳的繁殖环境。

（3）适时采收 在蚯蚓非繁殖季节，每 3 个月采收 1 次，清理蚯蚓粪；在蚯蚓繁殖季节，每个月采收 1 次，采收的蚯蚓可以进行销售或继续作为种蚯蚓繁殖。蚯蚓的采收次数与蚯蚓种群密度有关，适时采收能有效避免蚯蚓“几世同堂”混养，增加蚯蚓产量。

（4）轮换更新 通过种蚯蚓的不断更新和蚓床的周期轮换，始终保持蚓床透气性的同时，不仅保证了种群的旺盛，也避免了在同一床位长期养殖同一蚓群形成的种群退化。种蚯蚓的最佳更换时间为 3 ~4 月更换 1 次。

2. 生产管理

生产管理的目标是为了企业能够生存和发展，管理过程中要以市场为导向，以质量为生命，以服务为灵魂。确立以客户为本的管理理念，主动了解客户的需求，根据客户的需求来指导生产和销售，提供售后的优质服务，保证企业的生存，这是管理的目的和核心。具体的日常生产管理以遵守技术操作规程为主，具体如下。

（1）基建期管理 简易的蚯蚓养殖场的基建工作主要有蚯蚓养殖场场地设计，清除地面的草木房屋，采购钢管、焊条、薄膜等建材及 PVC 水管、电缆、照明灯、开关、喷淋软管等水电用品，达到三通一平（通水、通电、通路、平整），搭建农用大棚，开挖排洪水沟，购买设备工具及竣工验收。这些工作可以自己做，也可以外包请工，如请工需要签订包工合同，施工期间要监督，关注施工质量，要注意安全。雨季前用碎石铺路，水电应安全、到位，水源要有保障，排水要通畅。

养殖蚯蚓的大棚，是最重要的设施。蚯蚓产卵、孵化对温度、湿度的要求比较高，所以要求大棚具有良好的通风、避雨条件，可单棚设计，也可以连栋设计。大棚必须满足夏季棚内温度最高不超过34℃，垄面蚓床温度最高不超过30℃，温度过高时采用喷淋系统降温。冬季棚内温度要保证在5℃以上才能连续生产。

棚内生产区可设多个单元，每个单元宽6米，长不超过40米，中间留出1.8~2.0米作为运料通道和操作区，两边各有1条宽2米的平面为养殖生产垄面，要求垄面目测平整、土块细碎，若有木头、石块等杂物必须捡除。通道兼作排水用，万一局部漏雨或被水浸入，能顺通道排出，因此通道不能积水，要让水流到棚外。棚内通道底部至少要高于场地排水沟底部40厘米以上。

若经费宽裕，可以使用更先进的设施设备，朝机械化、自动化的生产线方向来养殖、加工蚯蚓。适时维修并保管好生产工具，注意机械使用安全。必要时，搭建人工棚放置工具与临时住宿。

（2）光照 蚯蚓孵化、正常生长需要弱光照，太强或太弱都会令其减产。通过布设遮阳网来控制遮光率，达到冬季遮光率为60%~70%、夏季遮光率为80%~85%；棚内要布设人工光源，一是在长时间阴天时白天进行补光，二是采收蚯蚓时可提高工效。安装白色灯用于雨天防止蚯蚓逃逸，安装红色灯用于照明。

（3）水源与淋水 蚯蚓生产过程中对湿度要求高，必须保证水源充足，能随时用水。供水故障情况下，如果48小时不能恢复，要有应急预案并保证预案切实可行。棚内及生产区内水管的布置不能与交通走道交叉，以免发生破管情况。淋水时要注意以下事项。

1）所使用的水源要符合蚯蚓的饮用要求，使用前检测水的pH，特别是工艺改变的时候，如使用絮凝剂时。

2）尽快建成蓄水池，同时设置应急水源，正常水源在48小时内不能恢复，就启用应急水源。

3）对于发酵饲料必须先淋水后喂料，加料后要观察1天新料里有无蚯蚓聚堆吃料，普遍吃料后才能再次淋水。淋水前后都要抽检料的湿度并记录。

4）基料湿度严格控制在50%以下，混合层的湿度严格控制在60%左右，新料的湿度控制在70%以上。

5）淋水要求均匀喷洒，不能上湿下干，注意垄的边角也要淋足。

6）若垄内湿度合适，但垄面被风吹干了，可洒水润湿垄面，这种情况下不能淋透。

7）淋水时间可分季节，夏季在中午11：00、下午6：00淋水；冬季在下午4：00淋水。

8）淋水次数不做硬性规定，应视垄的湿度、天气、蚯蚓生长期等情况而定。

9）湿度为60%~70%时适合蚯蚓生长与繁殖。

（4）排水系统 做好排水沟渠，经常检查并清沟，特别是雨后；南方夏季多暴雨天气，容易造成涝情，对生产造成重大损失。因此，必须根据本地情况，做好排水沟渠，并在每年春末清沟1次，若在夏季发生水沟堵塞，须在雨后及时清通。

（5）料场配置 按平均每吨料实际占地2.5米^{2}计算，按平均每个月用料量的5倍来设计料场面积。料场堆料必须按品种划区单独存放。若需要发酵则在区内发酵，避免场内多次倒运。料场内须留好运输通道，通道上严禁堆料、发酵或长期存料，并经常养护、整平，若有软地基则需要垫石块。养殖场地的料场配备按以上考虑才合理，如3亩的养殖场，计划每月产蚯蚓苗600千克的小场，理论上每月用料量为24000千克，则料场面积至少500米^2。

（6）原辅料的进场验收、预处理与发酵 作为蚯蚓栖息、产茧和孵化的场所，床料应含有一定量的细碎的、腐殖质含量比较高的有机质；含有大量细软的纤维质，保证透气性；发酵过程基本完成，堆放时已不含产生氨气和热量。可采用熟牛粪、发酵草料、秸秆、落叶等原料作为饲料。从大量廉价获得的角度考虑，熟牛粪、木薯渣、污泥应该是首选。

育苗棚用料应该以富含蛋白质的饲料为主，这样才能保证产茧量

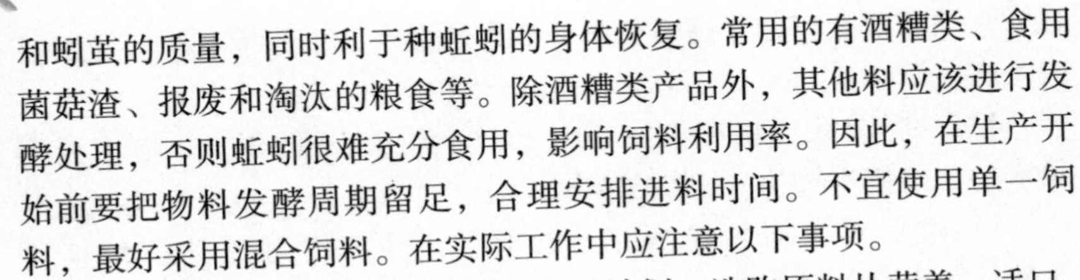

和蚓茧的质量，同时利于种蚯蚓的身体恢复。常用的有酒糟类、食用菌菇渣、报废和淘汰的粮食等。除酒糟类产品外，其他料应该进行发酵处理，否则蚯蚓很难充分食用，影响饲料利用率。因此，在生产开始前要把物料发酵周期留足，合理安排进料时间。不宜使用单一饲料，最好采用混合饲料。在实际工作中应注意以下事项。

1）提前3个月做好原辅料的购买计划，选购原料从营养、适口、价格、数量等方面来考虑；原料拉回来后必须进行预处理、发酵至成熟，达到松、软、细、嫩的要求；保证足料到位，防止市场缺料与雨季对生产产生影响。

2）验货记录。原辅料进场验收时登记其量（吨、方）、杂质（泥土、茅草或其他蚯蚓不能取食的杂质）。

3）测定理化性质。如pH、含水量、碳氮比等。合适的碳氮比为(10~20)∶1，过低则含氮太多（如动物粪便），容易引起蛋白质中毒；过高则含氮太少（如植物废料），不利于繁殖和产茧。可通过配比实现合适的碳氮比。

4）预处理与发酵。对原辅料进行预处理（切割、粉碎、调整pH及湿度等）。pH以6.5~7.5为宜，若原辅料的酸碱度不合适，原则上通过发酵解决；如果不能及时发酵，可通过水洗、晾晒、用酸碱液调整来处理。

5）原料堆沤发酵。应注意配比、形状、通气、覆盖、每天测温。

6）发酵后处理。发酵腐熟完全后冲洗、静置半个月。

7）适应性试验。喂料前的适应性试验，如检测pH、感官、统计采样进行生物性试验。

8）分区存料。下雨时注意保护原料场地，覆盖薄膜等防止原料被水冲走；料场按平均每吨料实际占地2.5米^{2}计算，按平均每个月用料量的5倍来设计料场面积。料场堆料必须按品种划区单独存放。

9）辅料。原料发酵时可添加有利成分，如菌剂、糖、尿素等。使用各种药物和营养物质的量：0.5%~1%的EM菌每周使用1次；尿素的用量为1%；激素、催卵素、复合维生素、抗生素、酵素（水果加工液）以百万分比质量浓度来使用。

10）污泥的处理。若使用污水处理的剩余污泥作为蚯蚓的饲料则需要预处理。预处理流程是调整酸碱度→加 20% 的食用菌渣→调整碳氮比→调整湿度为 60%→垫框加盖薄膜发酵（底宽 1.5 米、高 1.5 米、长度不限）→翻堆补湿（50～60℃之间维持几天后开始下降时翻堆，大约是堆后 15 天第一次翻堆，26 天第二次翻堆，33 天第三次翻堆；翻堆时发现湿度下降了就补水）→发酵终点检定（无恶臭、质地疏松、湿润透气，保持湿度为 70%，防止发霉、变质）。对于成蚓，也可以直接使用污泥，但必须是新鲜的，若新鲜污泥有气味则不好。新泥的厚度小于 10 厘米，旧泥的厚度小于 5 厘米。

（7）育苗生产 育苗场的生产设置是按生产出具有环境适应能力、自我觅食能力的小蚯蚓为目的。按日本大平二号蚯蚓的生长规律来说，蚯蚓孵化后生长 80 天左右成为成蚓，100～110 天达到性成熟。育苗场将孵化后 40～50 天的小蚯蚓作为种苗进行扩增。

（8）育苗场蚓床的铺设 将蚓床整齐地铺到垄面上，每垄宽 1.5 米、高 30 厘米、长 40 米。长度方向两边预留 0.5 米，宽度方向两边也预留 0.5 米。春、秋、冬季蚓床厚度为 10 厘米，夏季蚓床厚度为 18～20 厘米，增加热容量以减少气温对蚓床内温度的影响。

每条蚓床的设计是使蚯蚓 15～30 天吃完料，适时采收蚯蚓粪，减量后的蚯蚓与蚯蚓粪采用蚯蚓粪筛分机分离。采用侧喂方式，垄分两边，不断喂料、出粪，形成良性的物料平衡。若粪中有蚓茧，则移到新床孵化；若无蚓茧则出粪。

有必要时，预留一个棚作为暂养区，用于出蚯蚓、放工具与应急使用。

（9）投种前的准备工作 蚯蚓投种前，要做的工作包括：检查饲料是否已备好，至少保证 1 个月的用量；水源是否已解决，生产期间不能出现停水 48 小时，要有备用水源；天敌防护问题是否处理好，各地方的主要天敌种类不同，防护侧重不一，应根据本地情况做好适合自己场地的防护措施；平整地面，消毒，铺发酵好的基料（宽 50 厘米、高 10 厘米、长度不限）；已铺好的床料，先做适应性试验，即将 1 千克蚯蚓投放到料床上，适当加大光照强度，6 小时后检查应有

80%以上的蚯蚓钻进料床，48小时后再检查，蚯蚓在床内安静、稳定，说明床料合格，可以使用；投种前24小时先淋一遍水，将湿度调到60%左右。

(10) 投种 按2.5~5千克/米^{2}种蚯蚓均匀投种。投种后2小时内仔细观察情况，若发现蚯蚓不下钻、抱团、吐水等，可判断床料不适宜，立即将蚯蚓抓出暂养，重新检测床料，并做好换料工作。若2小时内蚯蚓钻下去的比例占50%以上，表面的蚯蚓无抱团、吐水、逃窜情况，可视为投种成功。

(11) 种蚯蚓的投喂 投种后48小时为种蚯蚓稳定期，若无异常则不要人为干扰，这个阶段让蚯蚓以床料为食，同时让它们自己营造自己的生态环境。3~4天后开始投喂，投喂时头两三次要少喂，按投放蚯蚓的重量作为投喂标准，计算每次投喂后吃完料的用时，以后就控制在每次投喂2天的进食量，若2天尚未吃完，就将残料移除丢弃，以免在料床上滋生微生物和寄生虫。每次投喂牛粪前必须先把原料床的水分控制好，要先淋水后加料，加料后1天要观察新料里有无蚯蚓聚堆吃料，普遍吃料时才能淋水，若普遍不吃，说明牛粪有问题。若加酒糟则可以后淋水，也可以先淋料后再放到垄面上，根据具体的情况而定。

喂料时除了注意以上的问题之外，还要注意以下情况。

1）垄面上的饲料剩余10%的时候可以添加新料，以勤饲薄料为原则。若饲喂酒糟则以1天的量为宜，最多2天，以免在料床上滋生微生物和寄生虫。

2）如果垄面上的蚯蚓粪堆积的厚度达到2厘米，就先把蚯蚓粪刮到床的两侧。

3）投喂前对饲料进行适应性试验，调整pH为7，控制湿度为70%~80%，嗅饲料有无刺鼻的气味。

4）饲料的颗粒直径不能超过3厘米。

5）采用上层投喂法按品字形方式投喂，料堆之间距离10厘米。

6）若发现饲料发霉，立刻清理出来堆沤发酵。

7）若夜巡时发现蚯蚓不吃料，应立即检测新添的饲料；若饲料有问题则清理出来。

8）投喂方式由蚯蚓生长周期、养殖规模、养殖方式和生产目的而定。

9）蚯蚓粪中有蚓茧时，要注意保护，以提高孵化率。

（12）种蚯蚓分离时间的选择　如果是性成熟的种蚯蚓，一般投种 20 天左右就可发现有大量蚓茧在料床里。分离时要注意查看蚓茧的颜色，白色和浅黄绿色是刚产的，深黄色是产后 7～10 天的，10 天以上的蚓茧呈咖啡色，咖啡色的蚓茧量超过 1/3 时，将是种蚯蚓分离的最佳时间。

（13）种蚯蚓的分离方法　目前分离种蚯蚓最安全高效的方法是"诱食法"，即用"诱食料"将蚯蚓吸引聚堆，人工抓蚯蚓，将抓出来的蚯蚓和带出的料、粪等放在塑料布上自然聚堆，然后用"光驱法"分离蚯蚓。将分离出的蚯蚓另做安排，或投种或淘汰，将分离出来的料、粪归回蚓床，让里面的蚓茧与床里的蚓茧共同孵化。

"诱食料"的制备：用糖精、菠萝香精若干，调配酒糟或其他蛋白料混合即可，兑水（自己掌握用量）。口尝有明显甜味，嗅时有明显香味。将"诱食料"制成直径 20 厘米左右的饼状物，均匀贴在蚓床上，1 天以后底下应聚满蚯蚓。用此办法 4～5 次基本就可以抓到 95% 以上的蚯蚓。

（14）孵化管理　蚓茧变成咖啡色后，陆续在 7～10 天之内孵化出幼蚓，无论是蚓茧和幼蚓，对光照和水分的要求都比较高。应保持稍强光照，料床含水量为 50%～60%，料床温度保持在 28℃ 以下。这个阶段（20 天）决定了蚯蚓产量的高低，其重点管理工作如下。

1）保证每天 4 小时以上 30% 的光照度（比蚯蚓养殖时所需光照略强）。

2）料床含水量为 50%～60%，若需补水则少补勤补，切忌一次淋透。

3）料床上无须投喂，如发现料床上有成堆成团的蛋白料，应该及时清除，避免料中繁殖大量的有害微生物或昆虫危害幼蚓。

4）料床严禁太阳直射，料床温度保持在 28℃ 以下，若遇到夏季高温，应辅以降温措施。

5）将蚓茧和基料堆成 20～30 厘米高、60 厘米宽的条状，可以

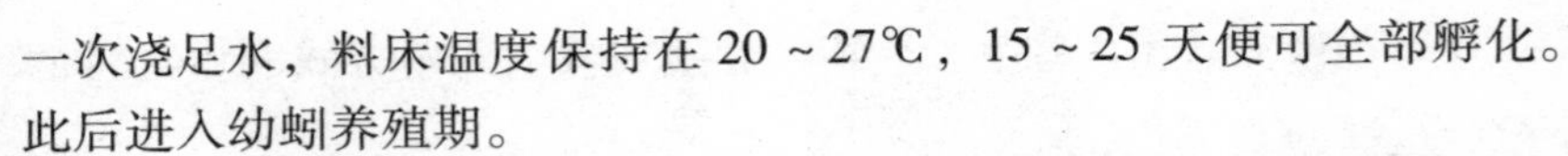

一次浇足水，料床温度保持在 20～27℃，15～25 天便可全部孵化。此后进入幼蚓养殖期。

（15）幼蚓养殖初期　孵化后 20 天内的幼蚓细小，谋生能力差，食量小，一般情况下活动范围也很小，此时应注意以下几点。

1）采用“满天星”状投喂，即用手撒喂，小团小粒，撒满蚓床各处，至少保证每 10 厘米^2 中有 1～2 团料，不然幼蚓爬不远会吃不到食。

2）含水量控制在 50%～60%，用花洒淋水，每次少淋，切忌大水喷淋。

3）每 2 天喂 1 次，少量多次，不能一次喂太多。幼蚓料的配制方法为：熟牛粪 50%、蛋白料 50%，拌匀，含水量为 50%～60%。

（16）幼蚓养殖后期　20 天后，幼蚓体色开始变深，活动能力增强，自己已基本具有生存能力，此时若饲料 pH 不出问题，则基本确定出产率。一般饲养 15～20 天即成蚓苗产品，这时的饲喂方法调整如下。

1）可单独喂蛋白料，但料块不宜太大，直径以 5～10 厘米为宜。

2）可用手也可用铲散喂，保证蚓床每 20 厘米^2 有 1～2 团料。

3）喂料频率不超过 3 天 1 次。

4）含水量控制在 50%～60%。

5）用手检查蚓床，若蚓床太紧，可用锋利的钉耙松床 1 次，增加透气性，深度以 8～10 厘米为宜。若不紧则不用松。

（17）蚓苗的分离采收　蚓苗的分离方法参见第 139 页“种蚯蚓的分离方法”。若是自用，则可连蚓苗带料抓出来后移走即可。若需出售或核算，则要清粪干净后再称量。此时和商品蚓不同的是蚓苗体小，清理干净后要及时称重、拌料，否则蚓苗吐水过多会造成受伤甚至死亡。因此宜小批多次操作，不能和大蚯蚓一样多量少批操作。

（18）杂交复壮　把分离出来的种蚯蚓混合在高密度环境里一起养 3 天，再突然降低它们的密度，形成一个条件反射，然后重新分配到各蚓床中，让它们进行杂交，它们就会成倍地多产茧。这样就达到了提纯复壮和提高蚯蚓繁殖率的目的，也保证了蚯蚓品种的优良性，并使蚯蚓品种不断得到改良。

（19）早巡与夜巡

1）每天上午早巡，早班开工前沿着场地走一圈，检查蚯蚓的生长情况、死亡情况及其他情况，记录在案，有问题时应第一时间汇报，并采取有效措施。

2）每天晚上7：00～9：00夜巡，检查蚯蚓爬到料面的取食情况、交配情况及其他情况，记录在案，有问题时应第一时间汇报，并采取有效措施。

（20）防治病敌害　蚯蚓的病害多为生态病，主要来自基料和饲料，保证料已发酵良好、料床通风透气、及时清粪换床，一般就没有问题。若生态病处理不及时，会导致全场蚯蚓死亡。若有患病、逃离、死亡现象，则表明有微生物侵染、化学物质中毒、寄生虫寄生等情况发生，可对症下药治疗，一般不会产生毁灭性的损失。发现蚯蚓死亡，应尽快拣出死亡的尸体及其周边的基料并迅速深埋。

1）防天敌。注意铲除周边的草木，保持周边的环境整洁卫生。

2）防寄生虫。务必使用发酵饲料，并根据蚯蚓的生产周期尽快换料。

3）防微生物。严禁蚓床内湿度超过70%，饲料和混合层的pH在6.8～7.2之间，若pH试纸不能够准确测定，定期使用酸度计检测。

4）防生态病。坚持使用发酵的基料和饲料，严禁二次发酵的发生；保持含水量在60%左右；pH为7左右；松料床1次/周。

5）一旦发现蚯蚓死亡，第一时间汇报，认真查看死因，拍照、记录、送检。

6）由微生物导致的死亡有传染性，应杜绝交叉污染，隔离并消毒，工具使用单独。

（21）产品销售　蚯蚓粪的销售按原计划执行。蚯蚓装袋时要求尽量除泥，没有铁块、石头、木头等杂物，老弱病残的蚯蚓优先卖出。提前1周接订单，分离出的蚯蚓应放置暂养区，以便随时供应。

1）蚯蚓粪。看市场而定（每吨几百元），出粪后及时销售，避免淋雨，无明显杂质、结块。

2）蚯蚓。看市场而定（每千克几元至十几元不等），每年出货6

次，出床后及时销售加工处理。

（22）安全规则

1）本企业员工的安全和健康是企业的首要之事。本企业依照有关的安全卫生法规和政策做好工作，建立整洁有序且安全卫生的工作环境。

2）员工应维护工作场所、实验室及生活环境的安全卫生，并预防盗窃、火灾及其他灾害。员工应保管好个人财物，不要将钱包等私人贵重物品放在企业的工作及公共场所。注意防范财物被盗窃、损坏、雨天冲刷等情况的发生，严防发生人身财产安全事故。

3）员工必须学习和践行相关的安全规定，注意防范大型机械、生产工具、药品、水电、火灾、有毒动物等各种可能致人伤亡的情况发生。若有意违反企业的安全规定者，责任自负。

4）所有涉及的人员需要保密，泄密要给予惩罚。不可私下收集或者泄露企业的任何机密资料，包括业务、客户资料或财务状况、企业的计划或规划。重大事情要请示。安排的工作，碰到问题要及时反馈，完成之后要汇报。

（23）卫生守则

1）员工应维持工作场所和生活环境的清洁卫生。

2）员工应在企业规定的区域休息、吸烟、喝水，不可在走路或工作时吸烟、吃东西，也不能任意抛弃烟蒂、纸屑或乱吐痰。不能在蚯蚓养殖床处抽烟、喝酒。

（24）其他方面

1）操作人员必须严格遵守技术规程；填写蚯蚓养殖场的工作日记等生产文件。汇报内容围绕蚯蚓生长与繁殖、原料、工人考勤等情况，特别是工作计划、问题及对策。

2）组织或加入蚯蚓生产销售的协会，并开展产学研合作，提高交流合作，产生经济效益、科技效益和社会效益。

3）建设优秀的企业文化。弘扬以人为本、团结合作、造福社会的企业宗旨；形成用心、严谨、务实、高效的企业作风；提倡尽职尽责、追求卓越的企业精神，保障企业的可持续发展。

——附录——
蚯蚓的生产试验案例

广西金宏旺蚯蚓养殖示范基地（广西北海巨丰农牧科技有限公司发展的养殖户）位于南宁市西乡塘区坛洛镇金光农场青年分场，养殖场面积为15亩，蚯蚓投种后，1年采收3次，每批次的产量不低于20000千克，每年亩产量不低于4000千克，每亩产值不低于48000元（按每千克12元计算）。

邓某某采用大棚的方式，在饲料中添加由广西大学提供的改良的EM菌（附图1）进行蚯蚓养殖。他的基地及养殖技术为蚯蚓养殖户提供了一个样板，现将他的养殖技术总结如下。

附图1　改良的EM菌

一　蚯蚓大棚的建造条件

场地应选择远离噪声、无农药污染、水源有保障、通水、通电、通路、平整的荒地闲地，可采用农用大棚的方式进行人工饲养。大棚具有良好的通风、能避雨防晒，可单棚设计也可以连栋设计。蚯蚓大棚所覆盖的泥地应压实，不铺水泥混凝土，用新洁尔灭或是其他消毒液对全地及四周进行喷洒消毒处理。棚内生产区以宽6米、长不超过40米作为一个生产单元，每个生产单元中间留1.8～2米作为运料通道和操作区，两边各有1条宽2米的平面为养殖生产垄面，要求垄面目测平整、土块细碎，若有木头、石块等杂物，必须拣出。通道兼作排水通道，万一局部漏雨或被水浸入，能顺路排出，故此要求通道中间不能积水，有明显的泄水坡面，让水流到棚外。棚内通道底部至少要高于场地排水沟底部40厘米以上。

二 蚯蚓种苗的筛选与投放

建立蚯蚓谱系就是蚯蚓品种的选择，需要筛选出生长发育快、繁殖力强、适应性广、寿命长、易驯化管理的蚯蚓品种。目前养殖较多的有赤子爱胜蚓，如大平二号、北星二号等。本基地选用大平二号作为谱系的亲本，不断地进行提纯复壮，这是保持良种的常用方法。

投种前，用发酵好的饲料起垄，垄宽1米、高20厘米，并保持饲料湿度为60%～70%，垄内温度为20～30℃。种蚯蚓每条重1克左右（已有生殖带），每平方米均匀投放种蚯蚓1千克。投种后2小时内仔细观察情况，若发现蚯蚓不下钻、抱团、吐水等，可判断床料不适宜，立即将蚯蚓抓出暂养，重新检测床料，并做好换料工作。若2小时内蚯蚓钻下去的比例占50%以上，表面的蚯蚓无抱团、吐水、逃窜情况，可视为投种成功。每10天补1次料，补料时添加0.3%的EM菌；每15天清1次粪，记录蚯蚓粪重量；90天后采收蚯蚓。每组随机取30个点，每个点面积为1米^2，记录蚯蚓和蚯蚓粪的平均重量。

三 蚯蚓种群的繁殖试验

准备长50厘米、宽35厘米、高15厘米的塑料盆，先用清水清洗干净，再用稀释后的高锰酸钾溶液进行消毒，并置于干燥通风处晾干待用。每个盆内放12厘米高的牛粪秸秆发酵料，添加0.3%的EM菌。向每个盆中放入0.3克赤子爱胜蚓（品种为日本大平二号蚯蚓）200条。将塑料盆按次序放入大棚内，并按组、按顺序整齐地紧密摆放，以便于管理，保持环境温度为20～30℃、相对湿度为60%～70%。性成熟的蚯蚓在身体前部3个体节结合，形成戒指形状的生殖带

（也称环带）。所产蚓茧的大小形状如绿豆，颜色由浅变深，新蚓茧是白色的，后期是咖啡色的。在采收时需谨慎小心，将其集中在盆的一侧孵化。记录30天内出现生殖带的蚯蚓数、产茧量、蚓茧孵化数。

咖啡色的蚓茧在7~10天内孵化出幼蚓，保持稍强光照；料床含水量为40%~50%，若需补水则少补勤补；料床温度保持在28℃以下。若将蚓茧和基料堆成20~30厘米高、60厘米宽的条状，也可以一次浇足水，料床温度保持在20~27℃，15~25天便可全部孵化。此后进入幼蚓养殖期。

四 蚯蚓养殖的日常管理

蚯蚓养殖的日常管理非常重要，是蚯蚓是否高产的关键所在。蚯蚓养殖的日常管理主要包括以下内容。

（1）温度 蚯蚓属于变温动物，环境温度影响其体温与活动，蚯蚓适宜的温度范围在5~35℃之间，在0~5℃会冬眠，0℃以下可冻死，32℃以上生长缓慢，35℃以上停止生长并夏眠，37℃以上可致死。

（2）湿度 蚯蚓在生活中需要一定的水分才能生长发育，要求蚓床含水量应保持在60%左右。

（3）酸碱度 蚯蚓能忍受环境的酸碱度范围为pH 5~9，饲料以中性或微酸性为好。

（4）通气性 蚯蚓是好氧动物，用体表呼吸，增加透气量使其新陈代谢旺盛，则蚓体发育良好，产茧量多，成熟期缩短。因此要经常为蚯蚓的养殖床通气，并注意排水。

（5）防治病敌害 蚯蚓的天敌主要有鼠、蛇、青蛙、蚂蚁、蜈蚣等，在饲养过程中要加强管理，根据本地病敌害的危害特点做好防范，保障蚯蚓生长的适宜环境和条件。

（6）蚓、粪分离 在养殖床表面，用多齿耙疏松表面的床料，等蚯蚓往下钻后，刮去表面的蚯蚓粪，反复进行疏松床料和刮取蚯蚓粪，最后蚯蚓集中在底层，达到采收蚯蚓并分离蚯蚓粪的目的。

五 添加改良的EM菌的饲养模式

蚯蚓饲养管理的重要工作之一是制作蚯蚓饲料，饲料的原料主

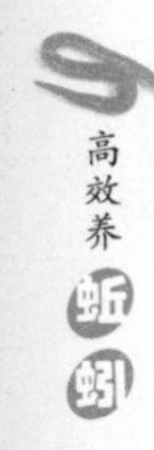

要是粪料和草料，发酵时将粪料（主要是牛粪）与草料（稻草等农作物秸秆）混合后进行堆沤。添加EM菌对蚯蚓养殖也有重要的作用。通过对普通EM菌进行改良，提纯复壮，特别添加了芽孢杆菌+放线菌+酵母菌，用红糖发酵扩种，获得大量的良种EM菌用于促进蚯蚓养殖。在具体养殖过程中有两种添加EM菌的方式：一是在混料过程中添加改良的EM菌，发酵好后作为饲料养殖蚯蚓，在喂养蚯蚓的过程中不再放EM菌，每天淋水1次，每15天清粪1次。二是不仅在粪料与草料混合发酵中放改良的EM菌，在养殖蚯蚓的过程中也添加改良的EM菌，每天淋水1次，每15天清粪1次。结果显示，全程添加改良的EM菌的产量比仅在发酵时添加的每亩多产蚯蚓1000千克。

每次投喂饲料前必须先把原料床的水分控制好，要先淋水后加料，加料后1天要观察新料里有无蚯蚓聚堆吃料，普遍吃料才能淋水，若普遍不吃，说明饲料有问题。若为酒糟则可以后淋水，也可以先淋料后再放到垄面上，根据具体的情况而定。可以采用上层投喂法按品字形方式投喂，料堆之间距离10厘米。

六 病敌害的防治

从大的方面讲，蚯蚓有生态病和非生态病。蚯蚓的病害多为生态病，主要来自于基料和饲料，保证料已发酵良好、料床通风透气、及时清粪换床，一般就没有问题。若生态病处理不及时，会导致全场蚯蚓死亡。这些因环境条件或饲料条件不当而造成的“条件病”，只要调整环境条件就可以解决，几乎不需要用药。

若为非生态病，蚯蚓出现患病、逃离、死亡，则表明有微生物侵染、化学物质中毒、寄生虫寄生等情况发生，可对症用药治疗，一般不会产生毁灭性的损失，如饲料中毒、蛋白质中毒、食盐中毒、胃酸超标、毒素或毒气中毒、缺氧、萎缩、水肿病、细菌性疾病等。

此外，还得防治蚯蚓天敌，如杂食性、肉食性和寄生性的动物均是蚯蚓的天敌。

七 蚯蚓的分离方法

蚯蚓的分离方法，参见第139页“种蚯蚓的分离方法”。

八 经济效益

经过3个月的养殖，日本大平二号蚯蚓完成了一个生长周期，当蚯蚓的个体每条约为0.5克的时候，就可以分离，采收蚯蚓与蚯蚓粪。

1. 产品

产品有两种，一是成品蚯蚓，个体重量大约为0.5克，颜色鲜红，活泼，适宜出售，市场价一般是12元/千克。二是蚯蚓粪，蚯蚓粪是自然界最好的有机肥，可以用于种植绿色果蔬，市场需求很大。

2. 产量

本蚯蚓基地养殖场面积为15亩，1年采收3次，全年总产量为60000千克，同时生产蚯蚓粪1200吨左右。

3. 成本

基地生产研发成本包括中试基地基建费、设施设备工具费、原辅材料费、人工费、培训费、管理费、销售费、折旧费、技术开发继续投入经费等，每亩的主要成本测算如下。

（1）基建费 3万元/亩。

（2）设施设备工具费 0.5万元/亩。

（3）直接材料成本 3.35万元/亩（包括蚯蚓种苗、饲料等）。

（4）工资及福利 目前蚯蚓养殖安排就业人数3人，根据目前劳动市场行情，按5万元/(人·年）进行人员工资及福利测算。

（5）固定资产折旧费 包括生产、研发部门、管理部门的设备折旧，还包括销售部门及销售渠道的设备等固定资产的折旧。按10年折旧，每年0.3万元。

第一年每亩的总成本为8.15万元，15亩的总成本共计122.25万元。第二年以后每亩的总成本为5.15万元（扣减基建费3万元/亩），15亩的总成本共计77.25万元。

4. 利润

养殖场面积为15亩，每亩产量4000千克，每年的总产量为60000千克，按每千克12元计算，蚯蚓产值72万元；蚯蚓粪总产量为1200吨，按每吨300元计算，蚯蚓类产值为36万元。合计108万元。第一年亏本14.25万元，第二年开始盈利16.50万元，第三年以后每年盈利30.75万元，平均每亩盈利大约2万元。回本期约1.5年。

二维码索引

视频名称：蚓床的正确浇水方法
所在页码：第 79 页

视频名称：补料后蚓床的浇水方法
所在页码：第 79 页

视频名称：蚯蚓粪的分离方法
所在页码：第 79 页

视频名称：试种及投放密度
所在页码：第 80 页

视频名称：防逃及防水设施
所在页码：第 85 页

视频名称：蚯蚓蛋白质中毒的原因、症状及处理方法
所在页码：第 96 页

视频名称：蚯蚓缺氧的原因、症状及处理方法
所在页码：第 97 页

视频名称：蚯蚓萎缩症的原因及处理方法
所在页码：第 98 页

参 考 文 献

[1] 潘红平，黄正团. 养蝎及蝎产品加工 [M]. 北京：中国农业大学出版社，2002.

[2] 原国辉. 郑红军. 蚯蚓人工养殖技术 [M]. 郑州：河南科学技术出版社，2003.

[3] 单鸿仁. 蚯蚓在医学中的应用研究 [M]. 太原：山西科学教育出版社，1991.

[4] 张复夏，郭宝珠，王惠云. 蚯蚓的药理及其临床应用 [M]. 西安：陕西科学技术出版社，1987.

[5] 张保国，张大禄. 动物药 [M]. 北京：中国医药科技出版社，2003.

[6] 孙得发，刘玉升. 饲料用虫养殖新技术 [M]. 杨凌：西北农林科技大学出版社，2005.

[7] 许智芳. 蚯蚓及其人工养殖 [M]. 南京：江苏科学技术出版社，1982.

[8] 曾宪顺. 蚯蚓养殖技术 [M]. 广州：广东科技出版社，2002.

[9] 杨珍基，谭正英. 蚯蚓养殖技术与开发利用 [M]. 北京：中国农业出版社，1999.

[10] 闰志民，翟新国，孟五刚. 药用动植物种养加工技术　蚯蚓 [M]. 北京：中国中医药出版社，2000.

[11] 陈义. 中国蚯蚓 [M]. 北京：科学出版社，1956.

[12] 黄福珍. 蚯蚓 [M]. 北京：农业出版社，1982.

[13] 陈德牛，张国庆. 蚯蚓养殖技术 [M]. 北京：金盾出版社，1997.

[14] 余思姚，徐晋佑. 蚯蚓的人工养殖 [M]. 广州：广东科技出版社，1981.

[15] 裘明华. 蚯蚓的养殖与利用 [M]. 重庆：重庆出版社，1984.

[16] 曾中平，张国城，徐芹. 蚯蚓养殖学 [M]. 武汉：湖北人民出版社，1982.

[17] STEWART A. 了不起的地下工作者　蚯蚓的故事 [M]. 王紫辰，译. 北京：商务出版社，2015.

[18] EDWARDS C A，LOFTY J R. 蚯蚓生物学 [M]. 戴爱云，范围仪，译. 北京：科学出版社，1984.

[19] 孟繁杰. 药用信用昆虫养殖 [M]. 延吉：延边人民出版社，2003.

[20] 潘红平. 怎样科学办好蚯蚓养殖场 [M]. 北京：化学工业出版社，2013.

[21] 潘红平. 蚯蚓高效养殖有问必答 [M]. 北京：化学工业出版社，2013.

[22] 潘红平. 蚯蚓高效养殖技术一本通 [M]. 北京：化学工业出版社，2009.